奔向太空科普丛书

"嫦娥"奔月

（第二版）

"CHANG'E" BENYUE

黄定华 杨力行 肖 龙

明厚利 杨瑞琰 编 著

中国地质大学出版社

ZHONGGUO DIZHI DAXUE CHUBANSHE

图书在版编目(CIP)数据

"嫦娥"奔月/黄定华等编著. —2版.—武汉:中国地质大学出版社,2020.12
(奔向太空科普丛书)
ISBN 978 - 7 - 5625 - 4911 - 6

Ⅰ.①嫦…
Ⅱ.①黄…
Ⅲ.①月球探索 - 中国 - 普及读物
Ⅳ.V1 - 49

中国版本图书馆 CIP 数据核字(2020)第 229392 号

"嫦娥"奔月(第二版)

黄定华 杨力行 肖 龙	
明厚利 杨瑞琰	**编著**

责任编辑:陈 琪	选题策划:毕克成 张瑞生	责任校对:徐蕾蕾
出版发行:中国地质大学出版社(武汉市洪山区鲁磨路388号)		邮政编码:430074
电 话:(027)67883511 传 真:(027)67883580		E-mail:cbb@cug.edu.cn
经 销:全国新华书店		http://cugp.cug.edu.cn
开本:787毫米×960毫米 1/16		字数:192千字 印张:11.5
版次:2007年10月第1版 2020年12月第2版		印次:2020年12月第1次印刷
印刷:武汉中远印务有限公司		印数:9 001 — 11 000册
ISBN 978 - 7 - 5625 - 4911 - 6		定价:45.00元

再版序

　　《奔向太空科普丛书》由参与我国探月工程和深空探测领域的专家学者撰写，他们长期从事我国科技发展战略、国防发展战略的研究制定，地学研究和科普创作等工作，不仅熟悉工程体系，更是工程的科学目标的制定者。本套丛书向读者详细介绍了我国深空探测方面的目的、进展和意义，内容紧扣国家战略，结构体系合理，具有科学性和权威性。

　　经过近70年的发展，人类深空探测技术取得了长足进步，获得了大量的探测成果和科学发现。探测距离上，美国的探测器已飞出了太阳系；探测目标上，无人探测器的足迹已遍布太阳系除地球外的七大行星、小行星等各类天体；探测方式上，火星探测已实现飞越、环绕、着陆和巡视勘查，正向无人火星取样返回的综合性探测阶段迈进。我国是世界航天大国之一，在月球探测方面取得了骄人的成绩，2020年已实现探月工程"绕、落、回"的采样返回。然而在我国，深空探测工程与其他科技领域工程相比，因其神秘的面纱、巨大的规模、高度的风险而并不为人们熟知。随着我国探月工程的持续推进，对我国深空探测进行广泛的科普宣传和必要的知识普及，无疑是一件回应国家发展战略需求和促进深空探测领域发展的有益工作。

　　丛书应我国深空探测事业而生，深入浅出地介绍工程进展和科学目标及其意义，是坚持与时代同步伐，把握时代脉搏，记录新时代深空探测的现实题材科普作品。本套丛书语言精练、图文并茂、通俗易懂，不仅能普及太空科学知识，而且具有积极的社会意义，对我国人民坚定文化自信、民族自信，为青少年提供优秀的爱国主义教育食粮发挥积极作用。

中国地质大学出版社考虑到我国嫦娥工程的时间节点，于2020年年底"嫦娥5号"探测器月球采样返回后正式出版此书，既可作为工程献礼，又能为我国广大公众深化对深空探测工程的了解和认同。

中国嫦娥工程首席科学家

中国科学院院士

2020年12月28日

再版前言

　　作为《奔向太空科普丛书》中的第一本小册子，本书第一版面世时，中国社会各界还带着一丝忐忑的心情，注视和祝福着"嫦娥1号"奔赴月球的壮举。本书再版时，国际社会正怀着惊喜交加的复杂心情，欢呼或热议"嫦娥5号"的胜利返回。嫦娥工程的圆满成功，进一步证实了今日太空正日益成为人类生存与发展的新疆界。跳出地球，迈向太空，也从千秋传颂的传奇与神话变成了既可望又可即的现实和未来。

　　"嫦娥"之后还有"天问"，月球之后紧接火星，中国航天人正在一步一个脚印地向前迈进，不断叩开太空的大门，进入太空的深处。相信在"天问"之后还会有中国发射的更多太空探测器，火星之外还会有中国人的更多星际着陆点，中国人"奔向太空"的征程从"嫦娥奔月"肇始，一路披荆斩棘，正在继续向前。让我们一起拭目以待更多的突破、更大的惊喜！

　　本书再版时对原书中存在的部分错漏之处进行了修订，并补充了大量新的内容，使其面貌一新，以飨广大热心读者。本套丛书的出版则采取了跟踪航天领域发展的原则，逐一出版，报道、宣传和科普涉及航天领域各个方向的最新成果，向读者展示当下航天领域的飞跃发展。

　　嫦娥工程首任首席科学家欧阳自远院士继为本书作序之后，又为本书出版撰写了热情洋溢的再版序言，在此一并致以深切谢意和崇高敬礼！

黄定华

2020年12月30日

序

　　承载着中华民族五千年夙愿的中国绕月卫星——"嫦娥1号"，在全世界亿万民众的殷切关注下，奔向月球。

　　"嫦娥1号"奔月，不是像传说中的嫦娥那样，只需吃下一颗长生不老药，就能够在轻歌曼舞之际，悠然而起，飘然而去，它须得经过缜密的设计、艰苦的攻关、精心的制作、准确的计算，集成当代中国众多最新的科技成果，才能在长征号火箭的呼啸声中，拔地而起，腾空而去，把一个优美的上古神话，变作壮丽的现代传奇。

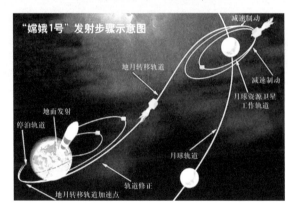

看"嫦娥1号"如何奔月

　　"嫦娥1号"从西昌卫星发射中心升空，首先进入周期为16小时的近地停泊轨道。在绕地球一圈后，"嫦娥1号"上升到周期为24小时的调整轨道。一天之后，回到中国上空的"嫦娥1号"再次加速，并升入周期为48小时的更高轨道。在两天后，地面发出指令，卫星加速进入奔月轨道（即地月转移轨道），经过5天的太空之旅，奔驰38万km，"嫦娥1号"将被月球引力所捕获，逐渐减速，最终停留在距离月球表面200km的月球极地轨道（工作轨道）上，"嫦娥"奔月过程这才完成。在"嫦娥1号"的飞行过程中，任何一点极其微小的失误，都会是真正的"差之毫厘，失之千里"。

"嫦娥1号"奔月,绝非只是为了续写一段新的传奇,更不是一时心血来潮之举;展示我国的强大国力,凝聚公众的爱国热情,激发青少年的科学兴趣,提升我国的科技水平,催生我国的高新产业,促进我国的经济繁荣,才是它的重要目的。

　　但它的作用,还不止于此。"嫦娥1号"的发射、飞行与绕月成功,只是我国探月计划中的第一步。迈出了这一步,才使我们有机会近距离地观测月球,通过月—地对比,推动我国空间科学、天文学、地质学、信息科学、遥感科学、材料科学与生物工程等众多学科的研究进一步发展;迈出了这一步,也使我们有资格进入只有少数科技强国才能进入的"太空俱乐部",极目浩瀚苍穹,拓展生存空间,为人类做出更大的贡献;迈出了这一步,更使我们有能力做我们想做、应该做,但过去却难以做到的许多事情,使我们在世界各民族的进步赛跑中立于不败之地。

　　现在就让我们跟随着"嫦娥1号"的飞行轨迹,去看一看月球的真实面目吧!

中国嫦娥工程首席科学家

中国科学院院士

欧阳自远

二〇〇七年十月

目录MULU

>>>>>>

MULU目录

目录MULU

MULU目录

>>>>>>

引子与回旋

我们用法国著名音乐家圣·桑(Saint Saën,1835—1921)的小提琴名曲《引子与回旋》作为本书标题的开始,是希望以现代航天科技激动人心的进展之一——嫦娥工程的胜利实施——作引子,为读者谱写一部雅俗共赏的太空交响曲,同时也借以回顾嫦娥工程艰巨而又辉煌的征程。

进入21世纪以来,中国社会的发展驶入了快车道,开展中国自主月球探测的设想被恰逢其时、顺理成章地提上了议事日程,但工程的正式启动,却在很大程度上有赖于我国著名天体化学与地球化学家欧阳自远院士的一次"神算"。我们就跟着他的思路,一步步往下看,看看在深空探测这一特殊的现代科技"奥运会"上,嫦娥工程到底是怎样起步,怎样进展,又是怎样完成的。

下一站：广寒宫

时光倒回到2004年。在决定中国的探月工程是否上马的研讨会上，嫦娥工程首席科学家欧阳自远在回应发射一颗卫星到月球上去得花多少钱时，打了一个精准、形象、浅显，同时也是极度动人心弦的比方。他说，整个工程的全部预算在14亿元左右，不过是在北京修2km地铁的费用。用2km的地铁预算建一条38万km的"地－月快线"，这个回答是如此形象和富有说服力，从而消除了持不同意见者的最后一丝疑虑。嫦娥奔月的上古传说，由此开始一步步化作现实。

一切从零开始，难度可想而知。在本书序言中，欧阳自远院士对嫦娥奔月的路径作了一个图文并茂、言简意赅的说明。沿着序言插图中画出的这条"地－月快线"，2007年10月24日18时05分发射的"嫦娥1号"*，需要依次经过地球停泊轨道、调整轨道、奔月轨道(也称地月转移轨道)的飞行，最终被月球引力捕获，到达月球极地轨道，才能实现"绕"月的既定目标，开始对月球进行近距离观测。这一难度和奥运会上的双向飞碟比赛项目比起来，除了在瞄准目标、计算射击提前量、决定发射时间上要精准不知多少倍外，途中还要进行飞行姿态调控、测控通信以及减速刹车等各种精准到毫厘的计算与调整，为的是绝不能有"脱靶"，即射偏的情况出现。因为即使只稍稍错那么一丝半点，嫦娥1号就去不了"广寒宫"，而会飞向"云深不知处"的广袤太空，不知所踪。

 信息链接

在嫦娥1号发射8年之后，2015年11月，中国嫦娥3号探测器的月球着陆点、月球车

*关于探测器(或卫星)编号的名称，本书在其首次出现时加引号，例如："月球1号""阿波罗5号""嫦娥1号"等。之后出现时，如果没有特殊含义，均取消引号，例如：月球1号、阿波罗5号、嫦娥1号。一般情况下，对各国探测计划也作类似处理。

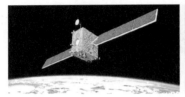

图0-1　嫦娥1号卫星（左）和嫦娥3号着陆点（右）
注：右图左下为嫦娥3号着陆区和月球车玉兔；右图右下为玉兔行走轨迹。

"玉兔"欢快地溜达了一圈的那块地，被国际天文联合会正式命名为"广寒宫"（图0-1）。同时，附近3个陨石撞击坑被分别命名为"紫微""天市"和"太微"坑，打上了鲜明的中国印记。

　　嫦娥1号一发命中，解决了命中"靶心"的难题。嫦娥2号则在完成新的"规定动作"，即在更近距离、更精细程度，执行更多项目的观测任务后，又增加了难度更大的"自选动作"：先是从月球轨道出发，疾驰77天，到达太阳和地球连线上的引力平衡点——拉格朗日点L2，在这一新的巡视轨道上足足飞行了235天，拍摄了大量太阳"快照"以后，再继续朝着距离地球近 $1×10^7$ km的一颗"近地"小行星——4179号（图塔蒂斯）小行星——飞驰而去。到现在为止，嫦娥2号的余兴马拉松还在进行当中。它与地球的距离已超过 $6×10^7$ km，比奥运会上一个全程马拉松（42.195km）的140万倍还要远不少。

停车，站稳了

　　嫦娥1号和嫦娥2号接踵完成了绕月任务后，嫦娥3号闪亮登场，嫦娥工程旋即进入第二阶段：落。和嫦娥1号的"自由落体"式撞上月球表面不同，嫦娥3号要"缓缓降下，轻轻落地，稳稳站住"。这是更高难度的"软着陆"。中国成为美国和苏联之后全球第3个实现月球软着陆的国家，也是目前唯一一个月面第一"落"就成功的国家。

　　由于月球上没有大气，嫦娥3号无法依靠降落伞着陆，只能靠着陆器上的变推力发动机完成减速、悬停等一系列动作。它先是在近月点15km处将速度从1.7km/s逐渐降为零。在下降到距月面100m处时，探测器要进行短暂的悬停，同时打开随身携带的照相机，扫描月面地形，避开障碍物，寻找最佳着陆点。"如果下面有个大坑，需要挪个地方，它就会自己平移，等照相机告诉它地面平了，它才会降落。"欧阳自远说。

之后，嫦娥3号在反推火箭的作用下继续缓慢下降，直到离月面4m高时再度悬停，关掉反冲发动机，探测器这才开始在选定地点实施自由下落。由于装置带有着陆缓冲机构，几个支撑腿也有弹性伸缩功能，嫦娥3号探测器姿态优美、稳稳当当地站住了（图0-2）。

图0-2　嫦娥3号落月姿态示意图

 软着陆

在月面软着陆这个环节上，苏联直到第12次尝试才获得成功，美国也是在品尝了3次失败的苦果后方实现平安着陆。

1）苏联的第一落：试了12次方始成功

1965年5月9日，苏联发射月球5号探测器，进行月球软着陆的首次尝试。当月球5号距离月面64km，在准备降落的最后阶段，由于设备故障，火箭点火失灵，科学家只能边听着它发出的信号，边无奈地任它以高速直接撞上月球并摔个粉碎。据说，德

国天文台观察到这次撞击扬起的月尘形成了一道长25km、宽85km的月表云尘,可见这一下的撞击力度之大。

随后苏联又接连发射了月球7号和月球8号探测器,但不幸的故事再次上演:前者制动机构点火过早,"起跑时偷跑";后者由于点火过晚,"跳远时踩线",导致它们均因失控而跌跌撞撞地硬撞到月球表面。直到1966年,月球9号探测器才在月球上成功实现了软着陆。而为了完成这一人类创举,苏联从1959年1月开始,陆续发射了24颗"月球"系列飞行器,失败了11次,可见软着陆真的得之不易。

2)美国的第一落:"团身翻腾一周半"

与苏联相比,美国的首次落月之路显得同样艰难。从1961年开始,美国先后发射了9颗"徘徊者"系列探测器,都是直接以"自由落体"的方式砸向月球。1966年,美国的"勘测者1号"探测器才成功地在月球正面的"风暴洋"地区实现软着陆。当年6月的一期《纽约时报》报道了勘测者1号落月的"奇葩"动作:落月过程从着陆前41分钟开始,从地球传来的一系列指令让它如同一位蹩脚的体操运动员一样翻起了跟头:先翻转90°,然后偏转60°,再翻转94°(幸好没有转晕)。此后,制动火箭点火,勘测者1号逐渐降落,最终总算是跟跟跄跄地平安落地。美国航空航天局(NASA)科学家普莱夏说,没有一个美国着陆器,无论是"勘测者"还是"阿波罗",是真正水平着陆的,它们落月时都是倾斜的,这是因为月面凹凸不平,有很多陨石坑和大大小小的石子。以至于在阿姆斯特朗还没有踏上月球之前,时任美国总统尼克松就已经准备好了一段登月计划失败的发言:"上帝已经让这位前往月球的人长眠于此"。幸运的是这张发言稿因为阿波罗登月成功而作废,还未来得及曝光就被扔到废纸篓里去了。

月球背面,我来了!

嫦娥4号月球探测器原本是嫦娥3号的备份星,由于嫦娥3号胜利且超额完成了预定任务,嫦娥4号就被赋予了新的使命:作为人类派遣的第一个探测尖兵,将首次执行在月球背面软着陆的任务,看看月球背面究竟是什么样子。想深入和全面探索月球奥秘,就一定要去月球背面。但到2019年1月之前,全世界虽进行过120多次月球探测活动,却从来没有一个探测器成功登陆月球背面。因此,嫦娥4号这次实现的月球背面软着陆探测,是人类第一次成功的尝试。

在月球背面软着陆,不仅遥测难度更大,地形也更为复杂,其难度远远大于此前嫦娥3号在月球正面实施的软着陆。根据嫦娥1号和嫦娥2号拍摄的月球背面图像,可以清晰地见到月球背面有更多的山地、高原,远不如月球正面平坦(图0-3)。打个比方,"嫦娥3号相当于在华北平原着陆,嫦娥4号则相当于在崇山峻岭的地区着陆。"嫦娥工程总设计师吴伟仁如是解释。

嫦娥4号的主要任务是进行月球背面巡视区形貌和矿物组分的探测与研究、月球背面巡视区浅层地质结构的探测与研究、月基低频射电天文观测与研究等。尤为独特且更加引人注目的是,嫦娥4号携带的专门天文观测仪器,还将利用月球背面的"电磁波宁静"特征,避开来自地球的大量电磁干扰,探索和接收宇宙起源早期发出的短波信号,为研究宇宙起源提供更加确凿的证据。

图0-3　月球正面和月球背面地形影像

注:左为月球正面,地形以大规模相对平坦的月海为主组成;右为月球背面,地形由密集的山地和陨石组成。

 电磁波宁静区

电磁波宁静区是指在某个空间区域内,不存在发射电磁波的设施运行时产生的

各种电磁波干扰。许多天体都能够产生激波、喷流,恒星爆发也能够产生伴随着各类电磁波段的巨大能量释放。这些对高灵敏度的天文射电望远镜而言,都可造成电磁波干扰。月球正面对着地球,地球上的各种电磁设施在不停地运行中,同样也会对月球正面的接收设备产生电磁波干扰,但月球背面则由于背对地球,自然就屏蔽了来自地球的电磁波,而只能接收到来自地外天体发射的各类电磁信号,从而确保了对宇宙演化信息的高效接收。

随着我国在贵州建成当前世界最大的 500m 口径球面射电天文望远镜(英文简称 FAST)并投入运行,国内首部射电天文望远镜环境保护法规《贵州省 500 米口径球面射电望远镜电磁波宁静区保护办法》(以下简称《办法》)公布。《办法》自 2013 年 10 月 1 日起正式实施,对电磁波宁静区的划分、保护标准和无线电监测等事项进行了详细规定。2019 年 1 月,贵州省人民政府公布了新的《办法》,自 2019 年 4 月 1 日起施行,旧的《办法》同时废止。

和此前的 3 个探月卫星历程相比,嫦娥 4 号(图 0 - 4)的征程更加曲折和艰难。2018 年 12 月 8 日凌晨,嫦娥 4 号月球探测器在我国西昌卫星发射中心成功发射。经过 4 天多的长途飞行,嫦娥 4 号于 2018 年 12 月 12 日来了一个"太空刹车",从"地月转移轨道"变道进入到"绕月轨道"。在这个轨道上足足环绕飞行了 9 天后,直到 12 月 21 日,嫦娥 4 号才和先前发射的中继星"鹊桥"成功建立了通信连接——即航天史上首次成功完成的月球背面与地球之间的中继通信。这还仅仅是嫦娥 4 号在着陆前的一次

图 0 - 4　嫦娥 4 号着陆器

"加餐",却顺带完成了一个人类太空史上前所未有的壮举。

2019年1月3日,嫦娥4号在绕月飞行了整整23天后,成功着陆在月球背面东经177.6°、南纬45.5°附近的预选着陆区——艾特肯盆地中的冯·卡门撞击坑(图0-5),并通过"鹊桥"中继星传回了世界第一张近距离拍摄的月背影像图(图0-6),揭开了古老月背的神秘面纱。

嫦娥4号着陆器在成功着陆后,迅即用携带的包括2台国际合作载荷在内的8台有效载荷在月球背面开展多项探测,如进行低频射电天文观测与研究,巡视区形貌、矿物组分及月表浅层结构研究,并试验性地开展月球背面中子辐射剂量、中性原子等月球环境研究。此外,着陆器还搭载了月表生物科普试验载荷,种种花式表演,令人目不暇接。

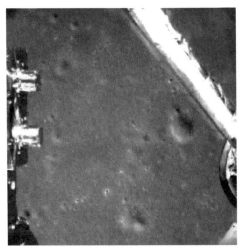

图0-5 嫦娥4号探测器动力下降过程降落相机拍摄的图像(《中国探月》)

图0-6 嫦娥4号探测器动力下降过程降落相机近距离拍摄的图像(《中国探月》)

天文学家认为,月球背面比正面更为古老,冯·卡门撞击坑的物质成分和地质年

代则具有很好的代表性，对研究月球和太阳系的早期历史有重要参考价值。与此同时，月球背面也是一片难得的宁静之地，它屏蔽了来自地球的无线电信号干扰，填补了射电天文领域在低频观测段的空白，为研究太阳、行星及太阳系外天体提供了更多且更加高效的可能，将可望为研究恒星起源和星云演化提供重要的第一手观测资料。

图0-7 玉兔2号开始月面巡视

当天稍晚（2019年1月3日22时22分），嫦娥4号着陆器携带的月面巡视器（月球车）、玉兔1号的妹妹——玉兔2号顺利与着陆器分离并抵达月球表面，在神秘的月背上留下了人类航天史上的第一道巡视印迹（图0-7）。之后，玉兔2号频传捷报，在预计的90天工作期外超期服役至今，为我们一点点揭开月球背面的种种奥秘。

四子王旗：终点站到了

根据嫦娥工程的进展情况，嫦娥5号将于2020年底择机发射，并在我国内陆着陆返回。嫦娥5号的主要任务是实施月面无人取样返回，需要突破月面无人取样、月面上升、月球轨道交会对接，以及高速"再入返回"等4项核心关键技术，才能确保任务成功完成。这4项技术不仅是前几次探月任务从未尝试过的，而且每一项的难度都更大，要想一次成功，还真叫人捏把汗。

我们单说说"再入返回"，即嫦娥5号返回舱从月球取样后飞回地球途中，要重新进入地球的大气层，再返回地球这事儿。由于重返速度极大（在离地球5 000km时会接近第二宇宙速度（11.2km/s)，如果以"丢冰棍"式的直接"跳水"方式穿过地球大气层,不仅会由于返回舱和大气层的摩擦而产生高温,使返回舱损毁严重甚至彻底烧毁,而且在这样的高速下,返回舱因无法被降落伞之类的制动装置拉住,会一头猛烈地撞到地球表面,摔得粉身碎骨。因此,除了找到并且采用一种既优美又安全的姿态重返之外,还要像自由体操那样,高质量地完成6个"规定动作",才能完成安全返回的任务。我们不妨听听地面指挥员的口令,看一看嫦娥5号的精彩表演。

"舱器分离!"在距地面约5 000km的太空中,嫦娥5号的返回舱(返回器)和护送它回家的服务舱遵照命令分离,返回舱独自在惯性作用下继续朝着地球前行。

"服务舱规避机动!"舱器分离约3分钟后,为确保返回舱安全,服务舱按照地面技术人员预设程序开始调姿,约8分钟后开启发动机,进行规避飞行,避免和返回舱发生碰撞。

"建立返回再入姿态!"这个决定成败的关键动作,全程姿态如同儿童玩的"打水漂":返回舱在地面控制下要斜对着地球的大气层方向朝大气层飞过去,与大气层的顶面接触后,因接触反弹而重新跳出大气层,然后再在重力作用下重新落入。就是在这"一碰、一出、再一落"之际,返回舱的飞行(准确地说应是滑翔)速度从接近第二宇宙速度降到第一宇宙速度以下,从而消除了高温高速对返回舱回家可能产生的毁灭性影响。显然,全套动作要求对时间和方向等全部算准、拿捏到位且一气呵成,因为稍有不慎,返回舱不是一头扎进大气层,摔个嘴啃泥,就是斜飞出去,飞离大气层,从此和地球告别,再也回不了家。

"转自由飞行阶段!"返回舱优美地跃起后再准确地"入水",重新进入地球的大气层,但因为"黑障"效应,与地面联系暂时中断。

"转二次再入飞行阶段!"返回器再次启动升力控制,返回舱第二次飞出黑障区。

"弹伞舱盖!"返回舱打开伞舱盖,弹出了减速伞。巨大的主降落伞在减速伞的拖拉下打开,返回舱在主伞巨大的拉力下,被向后、向上拽起来,仿佛嫦娥仙子摇曳于空中的轻盈舞姿。十几分钟后,在万众瞩目中,返回舱翩翩落下,于2020年12月17日凌晨安全着陆在中国大陆内蒙古自治区的四子王旗着陆场,终点站到达! 我国嫦娥工程取得圆满成功!

下面就让我们从古往今来的神话与传说开始,透过探月工程的指引,一点点地揭开我们渴望知道的月球的神秘面纱。

引子与回旋

"嫦娥"奔月（第二版）
"CHANG'E" BENYUE

最先入镜的神秘"过客"：狐狸还是玉兔？

当嫦娥5号返回着陆器携带着1.781kg宝贵的月壤，于寂静的凌晨悄然降落在四子王旗着陆场时，最先入镜欢迎的居然是一只神秘的小动物（图0-8）！

从镜头中，我们可以看见一只不知名的小动物从右侧闯入画面，它先是突然停步，驻足凝视了位于画面中央的着陆器一眼，仿佛为表达欢迎而行了个注目礼，然后才一蹦三跳、不慌不忙地继续向着画面左侧方向跑过。最后和它来时一样，突然消失于静谧的夜色之中。这只神秘而可爱的小动物的出现，顿时激起了所有急切盼望、等待和迎接着陆器的人的兴奋与欢呼，为祝贺嫦娥5号圆满完成任务增添了意外的欢乐与喜庆。

图0-8　欢迎嫦娥5号归来的第一位嘉宾：玉兔还是小狐狸？（据中央电视台）

知识链接　黑障

航天飞船的返回舱在以超高速进入大气层时会产生激波，使返回舱表面与周围气体分子之间呈黏滞状态，温度难以散发，形成一个几千摄氏度的高温区，也即黑障区。高温区内的气体和返回舱表面材料的物质分子在此区内会被分解和电离，形成一个等离子区，像一个套鞘那样裹住返回舱。在这一区间内，因为等能吸收和反射电波，返回舱与外界的无线电通信衰减甚至中断，这种现象就称为黑障。

黑障区范围直接取决于返回舱的外形、表面材料结构与成分、再入速度和角度、无线电频率和功率等因素。黑障现象对飞船返回舱再入大气层时的影响极大，在黑障区内舱—地之间通信会被中断，返回舱无法与指挥台联系，指挥台也会因此暂时失去对返回舱的控制。因此，返回舱穿越黑障是有一定的危险性的，但在目前的技术水平下，黑障现象虽然还无法避免，安全着陆却已经能够实现了。

1 向往篇

星星
还是那个星星，
月亮还
是不是那个月亮？

在茫茫的宇宙中，人类其实是十分孤独的，虽然他们从未放弃过寻找外星文明的努力，但时至今日，人类的交往与沟通仍然限制在地球这个有限的星球和人类自身这个群体中。

远古时代，人类凭肉眼只看到地球以外的太阳、月亮和星星，因而他们对地球以外其他星球的猜测和想象也仅仅是围绕太阳、月亮和星星展开的。但是太阳光太强，人类无法想象在那样一个炽热的星球上可以有生命存在，也从来不敢想象到太阳上去做点什么；星星太小又太远，小到几乎不能给人类留下任何想象和期待的空间；只有月亮，以其独有的平和、温柔，让人类产生了无限的遐思和联想。自古至今，人类历史留下了无数关于月亮的美丽神话和传说，由此也演绎出具有鲜明民族特色的月亮文化。

然而，随着科学技术的进步，尽管月亮还是那个月亮，但人类对月亮的认识却今非昔比，越来越接近真相。

1.1 追问:明月几时有,把酒问青天

近代科学产生以前,关于月亮的产生或起源的问题,一直是由宗教和神话来回答的。人类意识到月亮的存在是在文字出现以后,距今5 000~6 000年。在此之前是否有关于月亮存在的认识,我们只能从宗教和神话传说中去寻找线索。正因为如此,宋代文学家苏东坡早在800多年前就道出了"明月几时有,把酒问青天"的困惑(图1-1)。

1.1.1 远古时代的神话与传说

从远古时代的传说来看,远古时期的天空中根本就没有月亮,也就是说,人类曾经度过了一段没有月光的漫漫长夜。同有月亮的夜晚相比,这段时间可能还更长一些。因为人类有记忆的历史

图1-1 东坡赏月

不过几万年,而人类存在的历史则至少已经有几十万年。

在中国西南瑶族地区,流传着一则关于月亮产生的传说。在远古时代天上只有太阳和星星,有一天晚上,天空中突然出现了一个热烘烘、不圆不方的巨大石头,放射着亮光,这就是最早月亮产生的情形。在这一传说中,月亮的产生是在突然间发生的,没有原因也没有理由。另有传说,在远古时代,天上有两个太阳,轮流照射大地,致使大地没有昼夜之分,并且炎热的天气也让人难以忍受。最终有一个人勇敢地站了出来,他以精湛的射术,在其中一个太阳升起之时,射中了它的眼睛,使得太阳的光芒顿时消失,因而变成月亮。从此大地的上空才有了一个太阳、一个月亮,太阳管昼、月亮管夜。这一传说力图解释月亮产生的原因,但这一原因不是来自于对月亮或自然界的理解,而是来自于人类自身的猜测。

在哥伦比亚印第安部落中也流传着一则类似的传说。远古的时候天上没有月亮，地球的夜晚特别黑暗，人类一到晚上就感到害怕。有一位酋长决定牺牲自己来为大家寻找光明，他站在高高的山顶上向空中飞去，越飞越高，最后变成了月亮。至于酋长为何能变成月亮，人们仍不得而知。

现在生活在非洲南部的布曼族也流传着远古的天空中没有月亮的神话。

图1-2　玛雅文明

在人类文明史中，尽管美洲玛雅人在历史迈进的某一时间段里莫名其妙地突然消失了，但他们却留下了极为发达的文明（图1-2），尤其是他们的星算历法堪称世界一绝。然而在玛雅人留下的始于大洪水之前的《编年史》中，居然没有一星半点关于月亮的记载，这对于一个天文学高度发达的民族来说，几乎是不可思议的。唯一可能的解释是，在大洪水之前，玛雅人认为天空中根本没有叫月亮的这个东西。

在希腊南部的伯罗奔尼撒历史上，曾经存在一个叫阿尔卡狄亚的古老国家。据当地传说，阿尔卡狄亚人在大洪水之前，也没有看到过什么月亮，月亮是大洪水之后出现的。月亮出现以后，就承担了控制宇宙洪水的重任。月亮成为大洪水过后人类重生的第一个祖先。

大约2 000多年前，欧洲亚历山大里亚大图书馆的第一位馆长在他留下的文献中曾有这样的描述：远古时代，地球的上空看不到月亮。尽管后来人们已经无法找到这一结论的依据，但可以肯定的是，这位馆长在写这份文献时，不可能也无必要凭空捏造，他一定是参照了很多远古时遗留下来的文稿手迹，只是由于时间的原因，这些文稿手迹已不知去向。

古希腊时期的数学家、天文学家阿纳克萨哥拉斯依据他当时所掌握的一些资料，得出了"月亮在天空中出现是很晚以后的事"的结论。

中国古代关于月亮起源的传说与盘古开天地的神话联系在一起(图1-3)。关于英雄盘古的故事可以阅读本套丛书第三册《夸父追日》。传说盘古开天辟地后,他在临死前身体发生了巨大的变化:左眼变成了太阳,右眼变成了月亮,血液变成了江河,躯体变成了田地。从那以后,天地分明,日月生辉,人类又经历了各种磨难,才一步步走到今天。

图1-3　盘古开天地

在盘古开天地的神话传说中,我们可以领悟到,月亮是在盘古开天地的过程中,同其他日月星辰一并产生的,并且是盘古的眼睛变的,这同西方社会关于月亮起源的神话传说稍有不同。

1.1.2　关于月亮起源的科学假说

科学上关于月亮起源共有三种假说:一是捕获说,二是同源说,三是地球分裂说。

捕获说认为月亮是由于地球的引力作用将其从太空中捕获过来的。月亮原本是太阳系或宇宙中一颗自由自在的行星,当这颗行星冒失地运行到地球的引力范围内时,立即被地球强大的引力所捕获,并且进入到地球的轨道上,成为了地球的一颗卫星。

同源说的依据是宇宙大爆炸的理论。在大爆炸宇宙物质扩散中,最早形成了太阳系宇宙尘埃团,这个团状的物体围绕一个中心高速旋转,中心周围的物质逐渐凝聚成太阳,而中心外围旋转的物质则渐渐形成了行星和卫星,地球和月亮就是这样形成的。

地球分裂说认为月亮是由地球分裂而成。在地球形成初期,曾发生反复分裂,在某一次巨大的爆炸中,地球中的一部分物质被抛了出去,这被抛出去的物质便形成了月亮。

在人类对月亮起源的探索历史中,还有众多其他假说曾风行一时。我们在本书第三章中还要更详细地介绍其中的一种。需要特别指出的一点是:科学同神话传说

向往篇

17

的最大区别在于,科学不仅要对月球的起源做出正确的判断,而且还要回答一个"为什么"的问题,这也正是今天人类仍在孜孜不倦继续探测月球的重要原因之一。

1.2 想象:嫦娥、女神与月亮崇拜

每每皓月当空,月亮都以其特有的魅力勾起人类无尽的遐思和联想。这些美妙的想象不仅通过文字流传下来,也深深地烙进了世界各个民族的血脉中。在中国有嫦娥奔月,在西方有月亮女神,无论在东方或西方,都有形形色色的月亮崇拜。

1.2.1 广寒宫里的寂寞嫦娥

月亮在中国传统文化语境中,很早就成为女性温婉柔美形象的象征。《诗经·陈风·月出》中有"月出皎兮,佼人僚兮。舒窈纠兮,劳心悄兮……"的表述。从《诗经》开始,皎洁的明月就和女性结下了不解之缘。《礼记·礼器》云:"大明生于东,月生于西,此阴阳之分,夫妇之位也。"古人称日为"太阳",月为"太阴",月亮与妇女,都是阴性的代名词。关于月亮的神话传说,早期散见于《山海经》《楚辞》《淮南子》等古籍中。这些神话传说无一例外地都把月亮同女性相联,嫦娥奔月就是其中最具代表性的一则。

相传在远古时代,天上出现了十个太阳,烤得大地冒烟,海水枯竭。这时一个名叫后羿的人挺身而出,他登上昆仑山顶,竭尽全力拉开弓箭,一口气射下了九个太阳(图1-4),让大地恢复如初,拯救了普天之下的劳苦大众。后羿因此也受到了百姓的尊敬和爱戴,不少志士纷纷慕名前来投师习艺。后羿的妻子叫嫦娥,她美丽而善良,深受后羿的宠爱。后羿除

图1-4 后羿射日

了传艺狩猎外,终日与妻子守在一起,成为人们十分羡慕的一对恩爱夫妻。一次,后羿到昆仑山访友时巧遇王母娘娘,王母念后羿射日之功,赏赐其一包长生不死药,一旦服下此药,即可升天成仙。然而后羿舍不得撇下妻子独自成仙而去,便将长生不死药交由嫦娥珍藏。嫦娥将药藏进梳妆台的时候,被前来求艺的一个名叫逢蒙的不义之徒偷看到了。逢蒙趁后羿外出狩猎之机,持剑闯入内宅后院,威逼嫦娥交出长生不死药。嫦娥当然不愿将药交给逢蒙,危急之际她当机立断,拿出药一口吞了下去。嫦娥吞下药后,身子立刻飘离地面,向天上飞去(图1-5)。

图1-5　嫦娥奔月

但嫦娥实在舍不得离开丈夫,便飞落到离人间最近的月亮上成了仙。悲痛欲绝的后羿只能仰望着夜空一遍又一遍地呼唤着爱妻的名字。这时他突然惊奇地发现,天空中的月亮变得格外皎洁明亮,里面有个晃动的身影酷似嫦娥,在夜空中显得分外孤独,只有一棵桂花树和一只小白兔在旁边陪伴着她。嫦娥再也不能回到人间与丈夫团聚,只能在月亮上同后羿遥遥相望。

图1-6　吴刚伐桂

　　后来有一个叫吴刚的人,因为学仙有过而被仙人贬谪到月亮上去砍桂树。由于月亮广寒宫前的桂树生长繁茂,必须有人经常砍伐它,但每次砍过之后,它立即又长起来,所以吴刚就得永无休止地砍下去,这就是著名的"吴刚伐桂"的传说(图1-6)。正因为有了吴刚以及形影相随的白兔,寂寞的月宫才有了一丝生气,给了孤独的嫦娥些许安慰。

向往篇

19

1.2.2　拟人化了的月亮女神

在希腊神话中，月亮和太阳一样都是作为女神的形象存在的，月亮被神化了。古希腊神话中月亮女神（图1-7）名叫阿尔忒弥斯，她是太阳女神的妹妹，长得非常漂亮，同时也是一个非常厉害的弓箭手，常常随身携带着弓箭，她的猎犬也整日跟随着她。每天月亮女神都要驾驶着银色的马车在广袤的月宫中奔驰。月亮女神终身未嫁，因而她也成为了未婚少女的保护神。当时，海王波赛冬有个儿子，名叫奥列翁。奥列翁是个很优秀的猎手，同月亮女神志趣相投，因此他们很快相识并相爱了，两人经常一起在丛林中狩猎，在海面上飞奔。月亮女神的哥哥阿波罗不喜欢奥列翁，不愿月亮女神嫁给奥列翁。阿波罗为了阻止二人的交往，决定要除掉奥列翁。有一天，奥列翁正在海面上飞奔的时候，阿波罗用金色的光罩住了他并将他变成一个看不清内容的金色物体，然后怂恿喜欢射箭的月亮女神把远处的金色物体作为靶子射击。月亮女神不知这是阿波罗的阴谋，对着金色物体一箭射去，正中奥列翁的头部。她知道自己亲手射死了心上人奥列翁后陷入了绝望之中，日夜哭泣。为了表达对奥列翁忠贞的爱情，她请求宙斯把奥列翁升到空中，当自己乘坐马车在天空中奔跑时便可以随时看到奥列翁。宙斯接受了月亮女神的请求，把奥列翁变为天上的星座——猎户座。此后，月亮女神一直在夜空中陪伴着奥列翁，终身未嫁。

同中国的神话传说不同，在西方神话中，宇宙被地球化了，它变成了地球的一个缩影，而月亮则被拟人化了，她成了生活在宇宙社区的一个居民。当然月亮

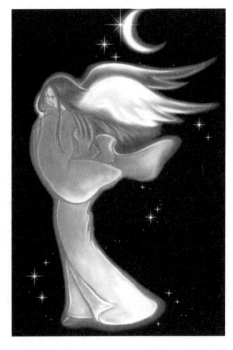

图1-7　月亮女神

是以女神的形象存在的，但她也同普通人一样有着自己的情感、兴趣和爱好。尽管在对月亮的想象上，西方文化较之东方文化更大胆，内涵也十分丰富，但它同月亮的本来面目却越来越远。

古罗马神话继承了古希腊神话的传统，也把月亮作为女神的象征，但古罗马神话中的月亮女神叫罗娜，同希腊神话中的月亮女神名字是不一样的。

1.2.3　形形色色的月亮崇拜

月亮的神化和拟人化使得月亮成为人类最早的崇拜对象之一，这种崇拜又使原本纯洁无瑕的月亮被抹上了一层宗教的色彩。

《山海经·大荒西经》记载："有女子方浴月。帝俊妻常羲，生月十有二，此始浴之。"中国古代崇拜月亮的习俗，不仅在文献中有迹可寻，而且在四川等地的考古发现中也屡有反映，如三星堆遗址和金沙遗址出土的石蟾蜍、石蛇等。由于蟾蜍和蛇的生活习性都是昼伏夜出，古代人很容易把月亮与蟾蜍、蛇联想到一起。尤其是蟾蜍，古人更是把它想象成为月中神物。《淮南子·精神训》记载："日中有踆乌，而月中有蟾蜍。"证明三星堆文化中古代人既崇拜太阳，也崇拜月亮。用蟾蜍代表月亮在文献记载和考古中屡有发现，成语"蟾宫折桂"也出于此并常被引用。

秦统一中国后，四川等地的日月崇拜风行全国。如长沙马王堆汉墓出土的彩绘帛画上就是"日中有金乌"和"弯月伴蟾蜍"。其他一些地方出土的关于日、月等神话传说的汉代画像砖和画像石也有类似记载。这些汉代画像砖和画像石中有不少反映的就是"金乌负日"和"嫦娥奔月"等神话传说，画中的月亮常被刻画成满月，其中就有蟾蜍（图1-8）。

无论是三星堆，还是金沙遗址出土的象牙等文物，最初都是用来做宗教祭祀，这是中国古代人对自然崇拜的延续。在

图1-8　汉画瓦当的月中蟾蜍

向往篇

自然崇拜中，日和月分别代表了白天和黑夜，古代人崇拜月亮也是必然的。在他们的眼中，太阳是圆的，而月亮则是圆少缺多。从外形来看，天上的弯月与人间的象牙何其相似。世界各地考古发现中的"日""月"图形和符号以及原始的象形文字中的"日"和"月"的形状，无不是用圆形表示太阳，用新月形表示月亮。由于月亮是亏多盈少，因而新月一般被称为"月牙"。这里所谓的"牙"正是那种长长的、弯弯的、尖尖的象牙。古代人把象牙和月亮联系在一起，是因为它们在外观和形状上相似。唐代李白《古朗月行》诗云："小时不识月，呼作白玉盘。"如"白玉盘"是满月，新月就是"象牙"了。正因如此，古代人才想到要用象牙来祭祀月亮。

由于月亮的遥不可及及其在黑夜里的神秘主宰地位，因此凡是与之有着某种联系的事物都有可能成为它的替代品或其中的一部分。蟾蜍之所以能成为古人崇拜的对象，是因为月亮的图形与蟾蜍的形象非常接近，同时月亮的特征又与蟾蜍的生活习性有关，蟾蜍通常是在夜间活动，与月亮遥相呼应，似乎与月亮有着某种说不清道不明的关系。此外在古蜀人的心中，月亮这种天体之所以能够运行，也是因为神秘莫测的月神在背后操控着蟾蜍的缘故，蟾蜍也因此成为现今可知的古代巴蜀人的第一个图腾。

从月亮的神话演变来看，它也反映了中国古代人类崇拜月亮的文化在内涵方面的变化，嫦娥奔月就是一个很好的例子。嫦娥奔月最初的神话传说是嫦娥背夫窃药，独奔入月，因而这一传说对嫦娥来说应该是贬责。但自魏晋南北朝以后，嫦娥奔月的神话在流传中发生了演变，她是为了保护仙药不被坏人窃走，才独吞仙药，最后牺牲自我，落得了"寂寞嫦娥舒广袖"的悲惨结局。这样，嫦娥在后代人心目中就变成了"月神"，她集温柔、美丽、聪明、善良等美好形象于一身，几乎拥有了女性所应具有的一切美好品质，文人墨客也纷纷以诗赋之。六朝宋时颜延之《为织女赠牵牛》云："婺女俪经星，姮娥栖飞月。惭无二媛灵，托身侍天阙"，将嫦娥与织女并喻。唐代李白的《把酒问月》有"白兔捣药秋复春，嫦娥孤栖与谁邻?"（图1-9）。杜甫《月》云："斟

图1-9　月兔捣药

酌姮娥寡,天寒耐九秋"等,极尽赞美之能事,为我们呈现出一个体态娇美、婀娜多姿的嫦娥仙女。

同时,嫦娥奔月神话又逐渐演变成一种圆满的结局来反映人们追求团圆的心理意识。如今,贵为"月神"的嫦娥最通俗的象征意义是完满、和谐、幸福。奔月神话在民俗文化层面上所表现的就是中华民族对圆满、完美的渴望。

每当八月十五中秋月圆之时,人们赏月、吃月饼、讲述奔月的神话。有的还摆上一些时令瓜果菜蔬,如北方的梨、枣、带枝的毛豆,南方的柚子、芋头、菱角、花生等用来祭月。各人都有自己的一番心愿,老年人祈祷家人平安,外出亲人早日团圆;姑娘们则将月神视为"月老",祈愿早日找到如意伴侣;男人们拜月期望万事兴发,早日得子。形形色色的祈祷与祝愿使中秋之夜呈现出"天上一轮才捧出,人间万姓仰头看"的和谐。在这里神话传说的意象同民族文化的理念得到了完美的契合。

世界上其他国家也有多种多样的崇拜月亮的形式,但这些形式大多将生命的产生同月亮联系在一起。

早在远古时代,当一弯月牙从漆黑的夜空中升起时,原始人类就把它视为盛满生命之水的杯子,这些水包括雨水、露水、水蒸气、泉水、河流、海洋、草木汁液以及奶水。分布在地球各个地方的原始部族往往通过歌曲、舞蹈、绘画和诗歌等形式来赞美月亮这个水之源泉。

"新月,出现,为我们带来水!新月,为我们带来雷声降下雨水!为我们下雨吧!"安哥拉布须曼人就这样吟唱了几千年,为人类,也为植物和动物祈祷。在他们看来,所有的水都来自月亮,而所有的生物如果要生存下来,就必须喝月亮的水,包括舔吸挂在草木上的朝露,也可以用长长的吸管吮吸深洞里的汁液。

其实,早在新石器时代的先人心目中,月亮就和水及生命结下了不解之缘。人们通常把月亮描绘成浪波状或锯齿状线条,就像溪流或大雨引发的洪流。而当约公元前3000年前象形文字在埃及出现时,画在碗和花瓶上的条纹状的月亮可以肯定地解读为雨。

传说月亮女神最初的名字叫尼娜,意思是"水之女神"。月亮女神的祖母是环绕天空和大地的巨大奶牛,是她敞开怀抱,把乳汁撒向大地,才孕育了万物。自然界的雨水是来自月亮女神的乳汁。正因为如此,很多月亮女神的画像就是她正用胸脯为

万物提供乳汁,或者拿着一只装满生命之水的容器。

埃及的母牛女神的形象是头上有两个月牙形的角,她巨大的腹部是天空,她的四条腿站在地上,是宇宙的四根支柱。到了晚上,母牛女神就化身为月亮,以其光亮照耀大地。

在希腊,月亮女神阿尔忒弥斯用她多个乳房为万物提供乳汁,就像来自天堂的雨滋润万物一样。

在世界上的一些地方,每当新月出现的时候还要举行祭祀活动,因为新月的出现标志着一个月的开始。而看不到月亮的时候,人们便认为月亮死掉了,大地因此进入一片黑暗。这时要由在位的王后进行特殊的献祭活动,一般每个阴历月总有4~5天这样的"黑暗日"。在黑暗日中,牧羊人不吃熟肉或烤面包,不穿干净的衣服,也不更换身上的衣服;国王不能坐马车,也不能以平时的君主身份和口气说话;医生的手不能碰他的病人。这是一个不适合做任何事情的日子。

古罗马人也有专门的形式来守候新月的出现。当新月来临时,祭司会站在高高的山上,向着天空大声呼喊,宣布一个月的开始。新月这一天,无论在古希腊还是古罗马,都是不允许工作的,休息是唯一能够做的事情。

1.2.4 中外探月工程的命名

众所周知,中国的探月工程取名嫦娥工程,是因为后羿射日和嫦娥奔月的神话故事源远流长。用这个名字,不仅普通老百姓能一目了然,知道是什么意思,而且还承载了中华民族几千年来的夙愿与梦想,具有寄托遐思、凝聚人心、实现梦想的意义。国外的探月工程在取名时其实也有类似的想法,希望尽可能地把各自民族的古老传说融入到现代航天科技工程中,使之起到振臂一呼、振聋发聩的作用。但囿于传统文化或者现实局势的影响,美国、俄罗斯等国确定的工程名称最后却往往与这种愿望大相径庭。

俄罗斯的探月工程——不喜欢月神形象的"月球"计划

也许多数人并不知道,其实俄罗斯之前的苏联才是人类最早实施绕月飞行计划的国家。1959年1月3号,苏联政府成功发射了人类首枚月球探测器,并且到达月球轨道,从月球近旁飞过。这一消息轰动了世界,成为全球媒体的头版头条。

这枚飞行器进入了人类以前从未到达的太空领域,完成了"投石问路"的壮举。为此,苏联给它取了一个充满希望的名字——"梦想号"。但其探月计划却命名为"月球"计划,并没有用神话中的月神之名为之命名。

一个可能的原因是,俄罗斯人心目中的月神脾气暴躁,口碑不好,形象不佳。在俄罗斯的民间传说中,太阳和月亮是一对夫妻,月神是丈夫,太阳神是妻子。冬天来临的时候,大地被皑皑白雪覆盖,万物了无生趣。这时月神不得不和自己的妻子——太阳神分开。直至俄罗斯旧历中的伊日(6月24日或者7月7日),万物复苏,美丽的太阳神精心梳妆打扮一番,穿上节日彩裙,戴上盾形头饰,去与久别的丈夫相会,同时载歌载舞,将光芒洒向大地。太阳神与月神相见后,尽情倾诉离别之苦,夫妻恩爱如初。天空也因此常常晴空万里,艳阳高照。

然而随着日子一天天过去,生活中的种种琐事导致夫妻俩开始不时发生激烈的争吵,天空也因此伴随着乌云密布,电闪雷鸣。争吵激烈时,天空狂风大作,地面暴雨倾盆,山呼海啸,地震频频,夫妻俩不欢而散。而这些争吵多数都是缘于月神自尊心强,天生好斗,脾气暴躁和无端猜疑而引发的。因此缘故,俄罗斯实施的登月计划也就很难以这个坏脾气的月神命名了。

美国的探月工程——为"雪耻"而取名的"阿波罗"计划

无独有偶的是,美国的载人登月计划也没有用月神命名,而是用希腊神话中的太阳神——"阿波罗"来命名的。在传说中,太阳神阿波罗(图1-10)用诡计诱使月亮女神(图1-11)射死了自己的爱人,一手制造了希腊神话中一个著名的爱情悲剧。

图1-10 太阳神阿波罗

图1-11 月神阿尔忒弥斯

向往篇

在20世纪美国和苏联的太空竞赛中，美国在开始阶段曾处于劣势。为扭转这一局面，美国迅即提出了阿波罗登月计划。但1961年苏联更进一步，在飞越月球之后，航天员加加林又率先进入太空。一时间，"东风压倒西风"成为当时世界太空竞争格局的写照。据说时任美国总统肯尼迪得知消息后气恼地说："这是第一颗人造地球卫星上天之后，美国民族的又一次奇耻大辱。"为了重新登上世界航天老大的位置，美国人决心不惜一切代价重振科技雄风。后来美国政府选用太阳神阿波罗的名字命名美国的登月计划，动机可谓"尽在不言中"。

日本的探月工程——源于优美传说的"月亮女神"计划

月亮女神探月计划是日本绕月探测卫星的英译名，也是采用神话故事命名的探月工程。月亮女神在日语中还有一个昵称——辉夜姬，是日本民间传说中的月亮公主。

辉夜姬出自日本古老传说《竹取物语》，是其中一个有关月亮的故事里的女主人公。在故事中，辉夜姬在月亮上诞生后不久就落入凡间，被一位伐竹老翁在一枝竹子的竹芯里发现。老翁被女婴的可怜和可爱所打动，便把她带回家去抚养。没想到仅仅3个月后，女婴就长成一个妙龄少女，亭亭玉立，美貌无双，老翁遂为之取名辉夜姬，意即光照黑夜的美女(图1-12)。

辉夜姬的美貌一传十、十传百，很快就传开了。世间的青年男子人人都梦想娶辉夜姬做妻子，许多公子王孙更是终日在老翁家周围徘徊，希望抱得美人归。辉夜姬则提出，想娶她的人必须能找到一个她最喜爱却难以获得的宝物，结果众多求婚者"上穷碧落下黄泉，两处茫茫皆不见"，无一如愿。最后天皇也登场了，并且想凭借权势强娶辉夜姬。辉夜姬不畏强权，与之周旋，使强霸的天皇也以失败告终。在一个中秋之夜，辉夜姬迎来了月宫使者，重新回到她本该属于的月球。

图1-12　日本传说中的月神辉夜姬

对日本大众来说,辉夜姬是他们从孩童时代就熟识的人物形象。她美丽、善良、恬静、机智,蔑视权贵,向往自由。她的故事传递了普罗大众对真、善、美的向往,告诉人们什么是美、丑、虚幻和永生,成为日本民族珍贵的精神文明遗产,她的名字也顺理成章成为日本探月工程的正式名称(图1-13)。

图1-13　辉夜姬1号拍摄的"地出"*

印度的探月工程——期待美好生活的"月船"计划

印度的探月探测器名为"Chandrayan",意为月神之船。在印度,月亮之神叫Chandra,在印度语中是"明亮和耀眼"的意思(图1-14)。

图1-14　印度神话中的月神Chandra

*"地出"是指从月球角度观测到的地球从月球地平线升起的现象。

向往篇

印度神话认为:月神是个男性,有四只手,一只手拿着权杖,一只手拿着长生不老的仙露,第三只手拿着莲花,剩下的一只手处于防御状态。他驾驭的三轮战车由羊拉动。

在印度的古老神话传说中,月神在原配妻子外又娶了一个天神的27个女儿,他每天分别和一个妻子共处,形成了月亮28天环绕地球一周的月历周期。因为月神对原配妻子的过度宠爱引起了其他妻子的嫉妒,她们向自己的父亲抱怨,天神就让女婿月神染上了麻风病,周而复始地生病和痊愈,这就是月球表面我们能看见的阴影和斑点。27个妻子看到月神日复一日地遭受痛苦,又觉得丈夫可怜,于是重新向父亲求情要求宽恕。但天神无法彻底消除原来加在月神身上的诅咒,只能设法稍稍减轻月神的痛苦,所以月亮每个月都会逐渐由银白色变成灰色,继而消失,随后又会恢复银白色,从而形成月亮的阴晴圆缺。

印度民间也以月亮历法计时。印度人庆祝生日的时候往往不是以自己的出生日期为准,而是以出生当月的月亮形态来判断。明亮的月亮被认为是最好的,昏暗的月亮被视为是邪恶的。印度人认为,如果孩子在满月出生,这个孩子将拥有友情、金钱、权力和名望,受人尊敬。这个传统流传久远,以至于印度人多半都会说:"请月亮保佑我们一生平安!"印度探月计划以月船命名,自然也带有祈祷月神保佑的意思。

月船1号探测器在欧美多个国家的参与和协助下,共装载了11个探月仪器。其中5个由印度自行研制(包括撞击探测器),另有4个为欧盟和美国制造。探测器上安装了微型合成孔径雷达等两个仪器,用以测量月球表面是否含有水、冰和矿藏资源。2008年11月14日,月船在绕月轨道上释放了一枚镌有印度国旗图案的月球撞击探测器,成功撞击月球表面(图1-15),使印度成为第4个国旗图案出现在月表的国家。

图1-15　印度撞月探测器撞月前发回的照片

欧洲的探月工程——科学至上的"智能1号"计划

从伽利略时代开始,欧洲长期走在月球研究和观测领域的前列。智能1号探月计划更是世界首次采用太阳离子发动机推进的探月项目,其技术难度排在各航天大国前列。但欧洲的探月工程和俄罗斯一样,没有采用传说和神话故事为工程命名。这是因为欧洲虽有多种关于月亮的传说与神话故事,月神的含义也各不相同,但这些故事彰显的意义往往互相矛盾,有些甚至有一定的负面内涵。如《圣经·新约》中的《启示录》里说道:"有一个妇人,身披日头,脚踏月亮",象征着对敌对势力——月亮的征服。在西方占星学中,月亮则被认为是"反复无常和瞬息万变的",而在古罗马人眼里,月亮是一个谎言家,这多半是缘于月缺时的形状像字母C(crescent,即新月),月圆时像D(decrescent,即满月)。两者的不断转换,被看作善变的象征。此外在希腊神话的一支中,也有传说月亮女神与人间的一个男子相爱,但为了避免其他神反对,她把这个男子藏在一个山洞中不让其他神看到;为了满足自己永恒的爱,害怕爱人变心,她又让这个男子长睡不醒。月神的形象也因此逐渐滋生出自私、索取和独占之意,凡此种种也就可以理解为什么欧洲不以月神的故事命名探月计划了。

埃及的月亮神话

作为四大文明古国之一的埃及,虽然没有制订探月计划,但月亮神话的产生和流传也是其不可或缺的文化遗产。埃及古代神话传说中有月球皎洁如水母的描述,现代也有发生于其境内的月全食奇观,埃及人民对月球的关注从未中断(图1-16、图1-17)。

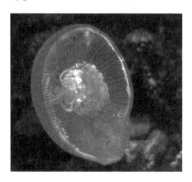

图1-16 埃及神话中的月亮
皎洁如水母

图1-17 发生在埃及的月全食
(2006年3月29日)

向往篇

29

在古埃及神话中,月神名叫孔斯(Khonsu或Khonshu),他是埃及众神之王和万物创造者阿蒙(Amon)与战争女神姆特(Mut)的儿子,在神的世界中有着十分崇高的地位。他有漫游者、拥抱者、寻路者与保护者的称号,庇佑人们不受野生动物侵袭。他又掌管着医药,能增强男子的生殖力并协助治愈人类的各种疾病。他是月与夜之神,命运的创造者。孔斯在新月时化作小孩的形象,在满月时则以一名俊美男子的形象出现(图1-18)。

在古埃及神话中,还有另外一位月神,也是智慧之神,名叫托特(Thoth)(图1-19)。托特还是炼金术之神,负责守护文艺和书记的工作。相传他是古埃及文字的发明者和星星的计算者,以及人间的死亡者在天界奥西里斯审判中的记录者。他曾经与月神孔斯打赌,赢得五天时间,让天空之神努特生下奥西里斯、伊西斯、赛特、奈芙蒂斯、大荷鲁斯等神。

托特通常会被描绘成鹮首人身,嘴形弯曲,令人联想起新月。有时候,托特也会被描绘成一只拿着新月的狒狒,因为古埃及人认为狒狒多在夜间活动,而且很聪明。

有一次孔斯与托特约定以月光为赌注玩游戏,输者必须付出一部分属于自己的月光。孔斯输了,从那之后除了满月时,他再也无法展现所有的光芒。古埃及人认为这就是我们今天看到的月亮不断发生圆缺与明暗变化的原因。

图1-18 孔斯

图1-19 托特

1.3 演绎:月亮文化的拓展

在中国,月亮文化的拓展是向两个方面进行的:一是逐步形成了一些与月亮崇拜相关的风俗习惯;二是以月缺月圆为依据,强化了民众的团圆意识。

1.3.1 中秋佳节的赏月习俗

据史籍记载,"中秋"一词最早出现在《周礼》一书中。到魏晋时,有"谕尚书镇牛渚,中秋夕与左右微服泛江"的记载。直到唐朝初年,中秋节才成为固定的节日。《唐书·太宗记》记载有"八月十五中秋节"。中秋节的盛行则始于宋朝,至明清时已成为中国仅次于春节的第二大传统节日。根据中国的历法,农历八月在秋季中间,为秋季的第二个月,称为"仲秋",而八月十五又在"仲秋"之中,所以称"中秋"。《西湖游览志余》中说:"八月十五谓中秋,民间以月饼相送,取团圆之意。"所以,中秋节又称"仲秋节""拜月节"和"团圆节"。

中秋节也是由嫦娥奔月的神话传说演绎而来的(图1-20)。相传嫦娥吃了后羿的仙药后,独自飞进了月宫,而这一天正好是八月十五之夜。于是从这以后,每年的

图1-20 嫦娥奔月

八月十五夜,后羿都要望月设供,祈望全家团聚,由此便衍生出中秋佳节的习俗。每当八月月圆之夜,人们仰望天空如玉如盘的朗朗明月,期盼与家人团聚。而远在他乡的游子,也借此寄托自己对故乡和亲人的思念之情。

另传古代齐国丑女无盐,幼年时曾虔诚拜月(图1-21),长大后以超群的品德入宫,却一直未得到宠幸。有一年八月十五赏月,天子在月光下见到她,发现她美丽出众,便立她为皇后,中秋拜月便由此而来。月中嫦娥以美貌著称,故少女拜月,祈愿自己"貌似嫦娥,面如皓月"。

图1-21 无盐拜月

古时中秋佳节,中国人最主要的活动就是赏月和吃月饼了。

在唐代,中秋赏月、玩月颇为盛行。在宋代,中秋赏月之风更盛。据《东京梦华录》记载:"中秋夜,贵家结饰台榭,民间争占酒楼玩月。"每逢这一日,京城的所有店家、酒楼都要重新装饰门面,牌楼上扎绸挂彩,出售新鲜佳果和精制食品,夜市热闹非凡。百姓们多登上楼台,一些富户人家在自家的楼台亭阁上赏月,并摆上食物或安排家宴,全家团圆,共同赏月叙谈。

明清以后,中秋节赏月风俗更加丰富多彩,许多地方形成了烧斗香、树中秋、点塔灯、放天灯、走月亮、舞火龙等特殊风俗。

同赏月相伴随的便是吃月饼的习俗了。俗话中有"八月十五月正圆,中秋月饼香又甜"。月饼最初是用来祭奉月神的祭品。"月饼"一词,最早见于南宋吴自牧的《梦粱录》中,当时它只是像菱花饼一样的一种普通饼形食品,后来人们逐渐把中秋赏月与品尝月饼结合在一起,月饼才成为寄寓家人团圆的象征。

据说月饼最初叫"太师饼""胡饼"。有一年中秋之夜,唐太宗和杨贵妃赏月吃胡饼时,唐太宗嫌"胡饼"名字不好听,杨贵妃仰望皎洁的明月,忽然灵机一动脱口而出"月饼"二字,从此"月饼"的名称便在民间逐渐传开。

月饼最初是家庭制作的,清袁牧在《随园食单》中就记载有月饼的做法。到了近代,有了专门制作月饼的作坊,月饼的制作越来越精细,馅料考究,外形美观,在月饼的外面还印有各种精美的图案(图1－22),如嫦娥奔月、银河夜月、三潭印月等。以月之圆兆人之团圆,以饼之圆兆人之常生,用月饼寄托思念故乡、思念亲人之情,祈盼丰收、幸福,成为所有人的心愿。月饼还被用来当作礼品赠送亲友,以联络亲情和增进友情。

图1－22　月饼图案

除了赏月吃月饼外,中国各地还有诸如观潮、燃灯等习俗(图1－23)。

在古代浙江一带,除赏月外,观潮可谓是中秋之际的又一盛事。中秋观潮的风俗由来已久,早在汉代枚乘的《七发》赋中就有了相当详尽的记述。汉代以后,中秋观潮之风更盛,而到了宋代则达到了空前绝后的巅峰。中秋十五观潮时,到处人山人海,热闹非凡。

古时湖广一带就有用瓦片叠置于塔上燃灯的习俗。在江南一带又有制灯船的习俗。到了近代,中秋燃灯之俗更盛。家家户户节前十余天,就用竹条扎灯笼,上糊白

图1－23　中秋观潮

向往篇

纸并绘涂各种颜色。灯笼内置燃烛后用绳系于竹竿上,挂在瓦檐或露台上,或用小灯砌成字形及种种形状,挂于家屋高处,这也被称为"树中秋"或"竖中秋"。

由于中国地域辽阔,人口众多,风俗各异,因而各地中秋节的习俗也带有浓厚的地方特色。

在福建一些地方,过中秋时女子要穿行桥梁(图1-24),以求长寿;拜灯挂月,向月宫求子和祈求平安。

广东一些地方则盛行中秋拜月的习俗。中秋晚上,皓月初升,女子便在院子里、阳台上设案当空祷拜。银烛高燃,香烟缭绕,桌上摆满佳果和饼食作为祭礼。当地还有中秋吃芋头的习惯,潮汕有俗谚:"河溪对嘴,芋仔食到"。八月正是芋头的收成时节,农民们都以芋头来祭拜祖先。

江南一带的中秋习俗也是多种多样的。江南妇女手巧,常常把诗中的咏物,变为桌上佳肴,然后全家人边享受美味佳肴,边吟诗赏月。

明初时江苏南京有望月楼、玩月桥,清代狮子山下筑有朝月楼,皆供人赏月。人们在明月高悬时,结伴同登望月楼、游赏玩月桥,以共睹玉兔为乐。是夜玩月桥桥头笙箫弹唱,人们欢聚一堂,对月赋诗。江苏无锡在中秋夜要烧斗香。香斗四周糊有纱绢,绘有月宫中的景色。也有香斗以线香编成,上面插有纸扎的魁星及彩色旌旗。

在江西的一些地方,中秋节的傍晚,每个村都用稻草烧瓦罐。待瓦罐烧红后,再放醋进去,这时就会有香味飘满全村。临近中秋时,自八月十一夜起就悬挂通草灯,直至八月十七日止。

图1-24 中秋节女子过桥图

安徽的一些地方则时兴敬"塔神"。村民们以砖瓦堆成一种空宝塔，塔上挂以帐幔、匾额等装饰品，又置一桌于塔前，陈设各种敬"塔神"的器具。夜间则塔内外都点上灯烛，形成十分壮观的场面。另外一些地方则有游火龙的风俗。火龙以草扎成，身上插有香烛。游火龙时有锣鼓队同行，游遍各村后再送至河中。

　　四川人过中秋除了吃月饼外，还要打粑，杀鸭子，吃麻饼、蜜饼等。有的地方也点桔灯，悬于门口，以示庆祝。也有儿童在柚子上插满香，沿街舞动。

　　"听香"则是台湾地区的中秋习俗。妇女们在家中供奉的神像前焚香祷告，表明心中所想卜测的事，如感情、财富等。在获得某种暗示后就拈香出门，凡是在路上听到的一切谈话、歌唱等，均可应对卜测之事。未婚少女则有在中秋夜偷别人菜园中的蔬菜或葱的习俗，若成功则意味她将得到美好的爱情。

　　"偷吃"则是湖南一些地方的习俗(图1-25)。每到中秋这天，家家大门、后门都半掩半开。平时乡亲们对小偷都深恶痛绝，可中秋这天，明知"小偷"进了屋，全家都装聋作哑，视而不见，且事先还为"小偷"准备好丰盛的月饼、瓜果等，被偷吃得越多则越高兴。

　　贵州流行偷瓜送子的习俗，要是谁家不生孩子，村里的好心人便会在中秋这天到地里偷摘大冬瓜刻画出小孩的模样，再准备好小衣服套上，敲锣打鼓送到这户人家，将瓜放在主人床上与妻子睡上一晚，第二天将瓜煮熟进食，以此祈愿能生孩子。

　　在北方的一些地方，如山东的诸城、临沂等地，中秋佳节除了拜月外，还要上坟祭祖。陕西西乡县中秋夜，男子要泛舟登崖，女子安排佳宴，不论贫富，必食西瓜，并且有吹鼓手们沿门鼓吹，以讨赏钱。山西大同县的月饼称为团圆饼，当地中秋夜还有守夜的风俗。

图1-25　偷吃图

不同地方和民族还有其他不同的中秋习俗,如香港的舞火龙、苏州的石湖看吊月、傣族的拜月、苗族的跳月、侗族的偷月亮菜、高山族的托球舞等,它们都是月亮文化的重要组成部分。

1.3.2　月亮文化中的团圆理念

我国有与二十四节气同时并行的节日,定节日的标准之一就是月亮的朔望圆缺,如太初历(即俗称的农历),以月圆缺一次为一月,初一叫朔,十五为望,三十为晦。宋代大诗人陆游《小集》云:"儿曹娱老子,团坐说丰穰",描写的就是一幅其情怡怡、其乐融融的"大团圆"胜景(图1-26)。

中国的传统节日很多,其中有五个与月亮有关。为什么要把"十五"月圆之日定为节日,这也只能用对月亮的崇拜以及民众的团圆愿望来解释。

第一个与月亮相关的节日是元宵节,又叫上元节。元宵节在正月十五,这是新年后第一个月圆的日子。这一天,人们会挂花灯、放烟花、玩龙灯、猜灯谜,伴着月色吃元宵。吃元宵就是要取其团圆之意。有些地方还有"迎月"的习俗,村民们举着火把上山去迎圆月。据说谁能最先登上山望见初升的圆月,谁当年就最有福分。

第二个与月亮相关的节日是花朝节,是花的节日,这一天是二月十五,也是花儿与少男少女们争春斗艳的日子。

第三个与月亮相关的节日是中元节,人称鬼节。相传在七月十五那一天阎王爷要开鬼门,这样家中已故的亡人会回家看看,因此要有祭奠仪式。

第四个与月亮相关的节日便是中秋节了。八月

图1-26　中秋团圆图

十五是拜月的日子,这天月亮成为了生活的中心,它看起来要比平时的圆得多,大得多,也亮得多。这时节大地已丰收了,人们会拿出一些瓜果来拜月,做好一些月饼供上,一家人在皎如流水的月光下,一边赏月,一边品饼。

第五个与月亮相关的节日是下元节。下元节在十月十五,是一年中最后一个月亮节。这一天,人们往往要举行重大的祭祖活动,同清明节、中元节的祭祖不同。清明节是以家族为单位来祭祖,中元节是以家庭为单位来祭祖,而下元节则是以民族为单位来祭祖。华夏民族要在这一天祭奠心目中那些最值得敬佩的祖先,很多地方祭奠的场面宏大、庄严而又神圣。

月圆之时便是团圆之时,中华民族更多的是借助月圆的形式来诠释传统文化中团圆的理念。我国古代女子有拜月祈祷的习俗,因为满月容易使人联想到团圆,何况还有一个专司婚姻的"月下老人"。所以每每十五月圆之时,年当婚嫁的少女或远游在外的丈夫,都会在月圆之夜设案焚香,虔心跪拜,以求天赐良缘、夫妻团圆。"月上柳梢头,人约黄昏后"成了恋人最温馨浪漫的时刻,是最经典也最通俗的爱情描绘。花前月下的身影成了两情相悦、两心相知的最好见证。此外民间婚联也大多以此为题,如"描花四季花常好,绘月千年月永圆""花好月圆昔日曾共砚,志同道合今宵庆合欢",以圆月象征人间婚姻的和谐美满,幸福长久。古人还相信月的阴晴圆缺决定着人的喜怒哀乐,并带给人太多的惊奇和恐惧,月成了至情至性的倾诉对象。而月圆月缺、月升月落,与人们的衣食住行又有着某种内在的联系,不仅影响着春华秋实,潮涨潮落,甚至影响着人们的七情六欲。据史书记载,秦祭八神,月神排第六,日神排第七,可见,在古人的心目中,月亮比太阳占有更重要的位置。

经过世世代代的演变,月亮文化已经成为中华民族古老文化中的重要组成部分。

1.3.3　奔向月球:古代的尝试和近代的幻想

1)古代的飞天尝试

由于科学条件的限制,古人对月亮的向往仅仅停留在想象、期盼和崇拜之中,很少有人敢于把登上月球的梦想变为实际行动,传说中的嫦娥奔月也只是一个神话,并非真人真事。

向往篇

但是中国历史上有两个人却不能不提：一个是唐朝的唐明皇，一个是明朝的万户。他们俩虽然在时间上相隔数百年，却一个畅游月宫，一个尝试坐火箭登月，不过前者是虚幻的，后者是真实的。

据《唐逸史》记载：唐朝开元年间，中秋之夜，方士罗公远盛邀玄宗游月宫，掷手杖于空中，即化为银色大桥，行数十里，到达一大城阙，横匾上有"广寒清虚之府"几个大字。罗公远对玄宗说："此乃月宫也。"只见仙女数百，素衣飘然，婀娜多姿，随音乐翩翩起舞于广庭中。玄宗看得如痴如醉，默默记下仙女们优美的舞曲。回到人间后，玄宗即命令伶官依其声调整理出一首优美动听的曲子，然后配上模仿月宫仙女舞姿的舞蹈，这就是闻名后世的《霓裳羽衣曲》。唐明皇游月宫由此成为千古佳话，月宫也从此有了"广寒宫"之称（图1－27）。

唐朝诗人白居易在元和年间观赏宫廷里表演的《霓裳羽衣曲》后作诗云："案前舞者颜如玉，不著人家俗衣服。虹裳霞帔步摇冠，钿璎累累佩珊珊"。舞者完全是一副道家仙女的打扮，其舞姿也不同凡响，令人如痴如醉。可见《霓裳羽衣曲》所表现出的意境同神话传说中的月宫是吻合的。

图1－27　月中广寒宫

唐明皇虽有其人，但游月宫却是虚幻的。到了明朝，万户以火箭登月却是真人真事。600多年前，明朝一位叫万户的官员决定实践登月的梦想，他将自己绑在椅子上，两手各持一只大风筝，椅背上捆扎有47枚土制火箭，试图借助火箭的动力将其送上月宫。遗憾的是，在火箭的巨大爆炸声中，这位人类文明史上第一个尝试登月的人片刻粉身碎骨。

万户的尝试虽然以悲剧告终，但他为后人进入太空打开了思路，那就是"只有科学技术才是帮助人类实现登月梦想的可能途径"。为了纪念这位世界上第一个利用火箭推力飞行的先驱者,国际月面地名命名委员会把月球背面的一座环形山命名为"万户山"。

2)近代的登月梦想

古人有限的技术未能阻挡人类探月的梦想。法国作家儒勒·凡尔纳就是这样一位大胆的预言家和充满奇思妙想的探索者。在他的科幻著作《从地球到月球》和《环绕月球》中,他分别就怎样到达月球和返回地球做了种种出人意料的巧妙设计,这些设计都是在相关科学原理的基础上和超时代技术水平的前提下做出来的。为了到达月球,儒勒·凡尔纳设计出了一门巨无霸式的"月球大炮",以及用于发射飞往月球的"炮弹"——后来又改为能够载人的"炮弹车厢"。同时,为了确保发射能够成功,儒勒·凡尔纳还煞有介事地进行了计算,列出了"大炮"和"炮弹"应该满足的条件:

(1)炮弹应为金属铝制成,直径为108in(1in≈2.54cm),弹壁厚12in,重9 625kg。

(2)大炮为哥伦比亚铸铁炮,长900ft(约270m)。因为太大,应就地浇铸。

(3)装填的炸药为200 000kg火棉(威力比黑色炸药大2~3倍),能够在发射时产生$60×10^8$L气体,足以将"炮弹"射向月球。

一切准备就绪后,这颗承载着人们无限希望的奔月"炮弹"于186X年(具体时间因为儒勒·凡尔纳老先生未作说明,故最后一位数字在这里只能用X代替)11月30日,在万人瞩目的欢呼声中,载着三位勇敢的探险者成功发射。经过了难以想像的困难飞行后,于12月14号,也就是发射后的第14天,从月球返回,落在太平洋中。

儒勒·凡尔纳19世纪时的幻想在21世纪的今天已经多次成为了现实,阿波罗探测器返回时就仿佛复制了《环绕月球》中的故事情节,落在太平洋上。尽管儒勒·凡尔纳所设计或者想像的工具在今天看来实际上是无法到达月球的,但他所宣扬的人类探索精神和对太空的向往,却成为人类跳出地球、迈向太空的思想萌芽。从20世纪60年代末起,人类的足迹开始踏上被无数神话与传说渲染过的月球,今后还将会有更多的勇敢者乃至普通人前赴后继,奔向月球,一探究竟。

向往篇

人物链接

儒勒·凡尔纳
(Jules Verne)

儒勒·凡尔纳(Jules Verne)(1828—1905),法国小说家,科幻小说的开创者之一。他一生写了60多部科幻小说,总题为《在已知和未知的世界漫游》。他以其大量著作和突出贡献,被誉为"科幻小说之父"。据联合国教科文组织的资料,凡尔纳是世界上被翻译的作品最多的十大名家之一。

从某种程度上说,儒勒·凡尔纳预言了20世纪宇航科技的诸多成就,只不过他的这些预言是以科幻小说来表达的。1865年发行的《从地球到月球》及1870年发行的续集《环绕月球》(图1-28),几乎是现代阿波罗登月工程的原始性预演。

儒勒·凡尔纳
(Jules Verne)

在儒勒·凡尔纳另一部星际旅行小说《太阳系历险记》中,一颗彗星突然与地球相撞,地中海附近的36位居民被带到彗星上,从此开始了太阳系的漫游。在上尉塞尔瓦达克的带领下,他们战胜了重重困难,途经了土星、木星等天体,终于在两年后趁彗星与地球再相遇的机会,重返地球。过了一个世纪之后,人们惊奇地发现,儒勒·凡尔纳小说中的主人公飞向月球的出发地坦帕城,竟然距今天佛罗里达州卡纳维拉尔角的肯尼迪航天中心不远。

在莱特兄弟发明飞机前的50年,凡尔纳就"发明"了直升机。他还在自己的作品中把电视称为"电声像机"。霓虹灯、自动人行道、空调、摩天楼、导弹、坦克、潜艇、飞机,这些20世纪的奇迹也早于现实在他的故事中像走马灯似的纷纷出现。

图1-28 儒勒·凡尔纳的代表作品

2 探测篇

我欲乘风归去，
又恐琼楼玉宇，
高处不胜寒……

月球是地球的第八大陆。千百年来，从敬畏、传说，到描绘、向往，人类登上月球的梦想从未泯灭；从中国古代嫦娥奔月的传说，到19世纪科幻大师儒勒·凡尔纳的《从地球到月球》，人类无数次插上幻想的翅膀拜访这位地球近邻。

科技的发展，使得人类登月终于成为可能。美国的阿波罗飞船于1969年成功登月，"迈出了人类的一大步"。不过美国宇航员1972年最后一次登月结束后的20多年里，月球一直被人类"冷落"。直到20世纪90年代后半期，世界各国再度将探索的目光聚焦月球。除了美国和俄罗斯，欧洲航天局、日本、印度、中国也先后制订了自己的探月计划。今天的"月球热"不再是大国竞赛和单纯的科学探测，各国还要对其资源进行开发和利用，为自己在未来月球开发中抢占一席之地。

2.1 肉眼观银盘

17世纪以前,还没有望远镜,人类只能用肉眼观看月球。即便如此,我们的祖先也很早就对月球及其运行规律有了许多正确的认识。比如,公元前14世纪,在河南安阳出土的中国殷朝甲骨文中已有了日食和月食的历史记录。到公元前350年左右的战国时期,我国的石申已认识到日食和月食都是天体之间的相互遮掩而形成的天文现象。到公元前3世纪,希腊的亚里斯塔克第一次测算了太阳和月球对地球距离的比例,分析了太阳、月球和地球大小之比,并基于日月星辰的运动规律创立了历法。

 石申

石申,一名石申夫,战国中期(约公元前350年)魏国天文学家、占星家。著有《天文》八卷,后人将它与齐国人甘德的《星占》八卷合为一部,称《甘石星经》。这也是世界上现存最早的天文学著作。其中的恒星表,比希腊天文学家伊巴谷测编的欧洲第一个恒星表大约早200年。书中记录了水、木、金、火、土五大行星的运行情况和它们的出没规律,还记录了800颗恒星的名字,测定了121颗恒星的方位。石申发现日食、月食是天体相互掩盖的现象,这在当时是难能可贵的。为了纪念石申,月球上有一座环形山(位于月球背面西北隅,离月球北极不远,面积350km²)就是用他的名字命名的。

 阳历、阴历与农历

古代人类认识、利用月球运行规律的最高成就是创立历法。我们知道,阳历是以地球绕太阳运动作为依据的历法,它以地球绕太阳一周(一回归年)为一年,而阴历则是根据月相圆缺变化的周期(即朔望月)来制定的,把月球从圆到缺、从晦到明的一次

图2-1 月球在一个阴历月中的变化

完整变化周期定为一个月(图2-1)。又因为月球圆缺一个周期平均为29天12小时44分03秒(29.530 6天),于是把小月定为29天,大月定为30天,12个月为1年。

农历则是把朔望月的时间作为历月的平均时间。这一点和阴历相同,但农历运用了设置闰月和二十四节气的办法,使历年的平均长度等于回归年,这样它就又具有了阳历的成分。

农历的历月是以朔望月为依据的。朔望月的时间是29天12小时44分03秒(即29.530 6天),因此农历也是大月30天,小月29天,但它和阴历还不完全一样,因为阴历是大小月交替编排的,而农历年大小月是经过推算决定的。

农历每一个月的初一都正好是"朔"(即月亮在太阳和地球中间,且以黑着的半面对着地球的时候)。有时可能出现两个大月,也可能连续出现两个小月。由于朔望月稍大于29天半,所以在农历的每100个历月里约有53个大月和47个小月。

据说我们的祖先远在夏代(公元前17世纪以前)就使用了农历记年法,所以人们又称农历为夏历。直到1970年以后,我国才将夏历正式改称为"农历"。

除了用肉眼观测以外,古代天文学家们也逐渐开始自制一些仪器来帮助他们更深刻地认识月球。公元1世纪的东汉时期,我国的贾逵创制了黄道铜仪,发现月球运行有快慢,测定了近点月。稍后在1~2世纪的东汉时期,我国的张衡创制了水运浑天仪(即浑象仪或天球仪),测出太阳和月球的角直径都是半度,黄赤交角为24°,并且提出了月光是日光反照的科学认识。在他所著的《浑天仪图注》和《灵宪》等书中,则系统地提出了"浑天说"的宇宙认识观。公元230年前后,三国时期魏国的杨伟进一步发现了日－月食的食限、食分及初亏的方位角,并推算出月食。

 张衡

张衡(公元78—139年),字平子,东汉南阳西鄂(今河南南阳)人,东汉时期杰出的科学家,也是世界上最伟大的天文学家之一。张衡是中国历史上最早制造水运浑天仪的人。

张衡的《浑天仪图注》是浑天说的代表作。他明确地指出了大地是个圆球,形象地说明了天与地的关系。从《晋书》中记载得知,张衡的浑天仪是一个直径约5尺的空心球,上面绘有二十八宿、中外星官以及互成24°角的黄道和赤道,黄道上还标明二十四节气的名称。紧附于天球外的有地平环和子午环等。天体半露于地平环之上,半隐于地平环之下。天轴则支架在子午环上,其北极高出地平环36°,天

图2-2 南京紫金山天文台中的水运浑天仪

球可绕天轴转动。这就是浑天仪的外部结构(图2-2),它形象地表达了浑天思想。

张衡还利用中国古代机械工程技术的发展,把计量时间用的漏壶与浑象联系起来,即利用漏壶的等时性,以漏壶流出的水为原动力,再通过浑象内部装置的齿轮系统等传动和控制设备,使浑象每天均匀地绕天轴旋转一周,从而达到自动地、接近正确地演示天象的目的。此外,水运浑象还带动一个称作"瑞轮蓂荚"的史无前例的巧妙仪器,制成机械日历。传说"蓂荚"是一种奇妙的植物,它每天长一片叶子(荚),到月半共长15片叶子,以后每天掉一片叶子,到月底正好掉完。"瑞轮蓂荚"就是依照这

探测篇

种现象进行构思，用机械的方法使得在一个杠杆上每天转出一片叶子，月半之后每天再落下一片叶子，这样就可以知道月相了。

张衡的浑天仪虽然还不能完全自动地表演日月星辰的运动，但是，用一个机械系统来取得与天球旋转相同步的机械运动，这本身就是一个伟大的发明，在当时它是世界上绝无仅有的。

总体来看，在长达数千年的肉眼观测期间，尽管人类对月球的认识取得了显著的进步，但仍然是初步的和不精确的。在发明了望远镜，可以更清晰地观察和认识地球之后，人们对月球的探测才再次进入一个新的阶段。

2.2　望远镜窥玉兔

17世纪初，一次偶然的发现使望远镜得以发明，由此也带来了天文学的突飞猛进。当时荷兰有一位叫汉斯·里帕斯的眼镜制造商，他的一个徒弟有一次趁他不在店中时，将磨好的凸透镜和凹透镜叠在一起放在眼前观看，结果发现前面的物体变得又大又近，非常奇怪。他回来后，徒弟对他说了这件事。他感到这个偶然的发现会有重要作用，便在一根金属管的两端，分别装上凸透镜和凹透镜。最原始的望远镜就这样诞生了。

望远镜的诞生，为宇宙探索技术带来了第一次飞跃。借助望远镜，人类对月球的认识较先前大大深化和精确了，月球的神秘面纱也随之逐渐被一层层揭开。

1609年，意大利科学家伽利略知道了用凸透镜和凹透镜制造望远镜的原理后，制作了人类历史上的第一架折射天文望远镜，镜头直径仅4.2cm，和一个小酒杯差不多（图2-3）。但就是用这架望远镜，在1609—1610年间，他观测天象，不仅发现了月亮上的山和谷，发现了木星的4颗最大卫星和金星的盈亏，还发现了太阳黑子和太阳的自转，认识到银河是由无数星体构成的，为哥白尼的日心说提供了一系列有力的明证。

伽利略
(Galileo)

伽利略(Galileo)(1564—1642),意大
利物理学家及天文学家,出生于意大利比
萨附近的Tuscany。在天文学方面,伽利略
是首个利用望远镜作天文观测用途的人。
透过望远镜,他发现了太阳黑子、月球上的
山脉深谷、4颗木星卫星和金星的相变。在
物理学方面,他发现了物件下坠的定律及
抛物线运动等。1632年,他把观测结果总

伽利略(Galileo)

图2-3 伽利略自制的
折射望远镜

结并出版,由于跟当时教会的论调严重相悖,翌年他被迫宣誓放弃自己的理论,却仍
被教会判处无限期软禁。

在伽利略首次用望远镜观测月球和其他天体30多年以后,1641年,波兰天文学
家赫维留自己制造了另一架天文望远镜。他把对月球表面的研究及关于月球经向振
动的发现记录在1647年出版的 *Selenographia* 中,后来成为月表形态学的研究基础。
赫维留因此被称为"月球地形研究"的创始人。

赫维留
(Hevelius)

赫维留(Hevelius)(1611—1687),波兰天文学家,出生于波
兰的但泽(今波兰境内的格但斯克)。他在荷兰的莱顿大学修
读法律,后到欧洲各地游学,直至1634年才回到但泽,当上了镇
议员并从事酿制啤酒的工作,而天文学是赫维留工作之外的最
大兴趣。1641年,他开始在自己家里建造望远镜并进行天文观
测。除了对月球表面的研究外,赫维留也是首批观测水星凌日

赫维留(Hevelius)

的天文学家。同时,他还观测太阳黑子,编制星表,发现了4颗彗星及土星的相变。

知识链接 人类的千里眼——望远镜

按探测信号种类的不同,望远镜大致可分为可见光望远镜、射线望远镜以及射电望远镜等几类。

【背景知识:电磁波谱】 电磁波谱是在空间传播着的交变电磁场(即电磁波)。它在真空中的传播速度约为每秒30万km。无线电波、红外线、可见光、紫外线、X射线(伦琴射线)、γ射线(伽马射线)都是电磁波,不过它们的产生方式不尽相同,波长也不同,把它们按波长(或频率)顺序排列就构成了电磁波谱(图2-4)。依照波长的长短以及波源的不同,电磁波谱可大致分为:①无线电波——波长从几千米到0.3m左右,一般的电视和无线电广播的波段就是用这种波。②微波——波长从0.3m到1×10^{-3}m,这些波多用于雷达或其他通信系统。③红外线——波长从1×10^{-3}m到7.8×10^{-7}m。④可见光——这是人们所能感光的极狭窄的一个波段,波长为7.8×10^{-7}m到3.8×10^{-8}m(光是原子或分子内的电子运动状态改变时所发出的电磁波)。⑤紫外线——波长从3×10^{-7}m到6×10^{-10}m,这些波产生的原因和光波类似,常常在放电时发出。由于它的能量和一

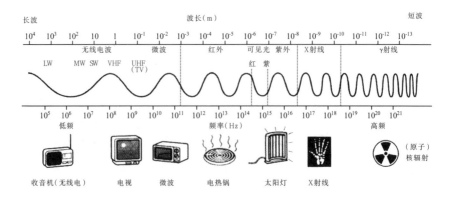

图2-4 电磁波谱图

般化学反应所牵涉的能量大小相当,因此紫外光的化学效应最强。⑥X射线——这部分电磁波谱,波长从$2×10^{-9}$m到$6×10^{-12}$m,是电原子的内层电子由一个能态跳至另一个能态时或电子在原子核电场内减速时所发出的。⑦γ射线——波长从10^{-10}m到10^{-14}m的电磁波,这种不可见的电磁波是从原子核内发出来的,放射性物质或原子核反应中常伴随有这种辐射发出。γ射线的穿透力很强,对生物的破坏力很大。

1)可见光望远镜

伽利略制造的第一架天文望远镜为可见光望远镜,它用透镜来收集光,为折射式望远镜。后来,牛顿在1668年制造了一台用抛物面玻璃收集光的反射式望远镜,它比折射式望远镜能收集到更多的光,提供更多的信息。因此,大多数现代专业可见光望远镜都是反射式望远镜,镜子的直径达几米。为了避免低层大气流动引起图像变形,可见光望远镜都建在山顶上,如我国南京紫金山天文台(图2-5)。另外,德国天文光学家B.V.施密特在1931年创造了折反射式望远镜,常被称为"施密特望远镜"。

图2-5 紫金山天文台的中国制
43/60cm折反射望远镜

望远镜的口径越大,收集的光越多,看到的天体越清晰具体。但口径太大,会因自身重量大而变形,制造、运输和操纵也困难。为了创建口径更大的望远镜,科学家们利用射电望远镜技术和光学合成的办法,将几座独立的望远镜合在一起,来模拟大口径望远镜。

2001年投入使用的欧洲南方天文台(位于智利),用一台大功率电子计算机将4座口径为8.2m的望远镜连接起来,每一座都比肉眼敏感10亿倍。连接起来的巨型望远镜能采集到相当于口径16.4m的望远镜所收集到的光,是当时世界上最大的望远镜。如果跟当地另外3座口径1.8m的望远镜协同工作,可以用来观察航天员在月面上的行走。

2)射线望远镜

射线望远镜包括红外望远镜、紫外望远镜、X射线望远镜、γ射线望远镜等。

红外线是可见光波长较长的红端之外到毫米波射电波之间的电磁辐射光谱。红外特征是宇宙万物的基本特征之一,因此,使用红外望远镜可以观测到温度从3000℃到 −250℃的幼年恒星、褐矮星和行星等天体,以及星际尘埃物质和亚毫米波辐射等。这种望远镜的最大特点,是它的观测仪器需要在接近绝对零度的极低温度下工作。

紫外线是从可见光波长较短的紫端(390nm)以外,到X射线(10nm)的电磁辐射谱。科学家们将91nm到10nm的紫外线称为极远紫外线。地球大气层中的臭氧层、氧原子和氮原子阻挡紫外线到达地面。因此,紫外望远镜必须置于地球大气层之上使用。

同样必须放到地球大气层之上才能显示出其威力的还有X射线望远镜和γ射线望远镜。

X射线望远镜实际上就是接收X射线信号的X射线探测器。X射线为波长0.01~100Å(1Å=10^{-10}m)的电磁辐射。来自太空的X射线难以穿透我们地球的大气层,否则它们对活细胞的破坏力将会导致生命、生态的大灾难。

同样的,γ射线望远镜实际上就是接收γ射线信号的γ射线探测器。宇宙中有一种高能电子辐射——γ射线,它主要来自双星、脉冲星和黑洞等高密度天体。这些星体发出的可见光远比γ射线辐射弱,所以观测它们发出的γ射线,是研究这些星体的有效途径。地球上的臭氧层屏蔽γ射线,所以γ射线望远镜必须放到地球大气层之上使用。

3) 射电望远镜

射电望远镜的诞生,给宇宙探索技术带来了又一次飞跃。

射电望远镜是接收天体射出的无线电波的望远镜(图2−6)。射电望远镜由两部分组成:一面或多面天线和一台灵敏度很高的无线电接收机。天线所起的作用相当于光学天文望远镜的透镜或反射镜。接收机的作用是把从天线传来的无线电波放大,并转变成能

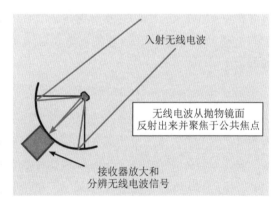

入射无线电波

无线电波从抛物镜面
反射出来并聚焦于公共焦点

接收器放大和
分辨无线电波信号

图2−6 射电望远镜的结构

用仪器记录的信号或对无线电波进行拍照。

射电望远镜是观测和研究来自天体的射电波的基本设备，它包括收集射电波的定向天线，放大射电信号的高灵敏度接收机，信息记录、处理和显示系统等。射电望远镜的基本原理和光学反射望远镜相似，投射来的电磁波被一精确镜面反射后，同相到达公共焦点。用旋转抛物面作镜面易于实现同相聚集。因此，射电望远镜的天线大多是抛物面。

图2-7　我国嫦娥工程的地面主干设备之一
　　　　——昆明天文台巨型射电望远镜

用于我国嫦娥工程的地面主干设备——大型射电望远镜共有4台，分别安装在北京、上海、昆明（图2-7）和乌鲁木齐，按照2 000~3 000km的直线距离设置，组成一个口径相当于中国领土面积大小的超级望远镜，并形成一个干涉阵，对探月卫星的运行、工作情况等进行不间断的跟踪、监测，起到千里眼和顺风耳的作用。

随着对月球认识的不断深入，人类对月球的向往较以前更是有增无减。人们不再满足于借助望远镜的观测，而是盼望着能够亲自到月球上去走一走，亲眼看一看月球的模样。在科学发展水平、科技手段还暂时无法帮助人们实现这种愿望的时候，人类又通过幻想，以文学小说的方式，借助想象的翅膀圆登月与穿行太空之梦。这当中最杰出的代表人物是法国伟大的科幻作家儒勒·凡尔纳、英国的科幻作家赫伯特·乔治·威尔斯以及我国晚清作家"荒江钓叟"等。

前面提到，儒勒·凡尔纳预言了20世纪宇航科技的诸多成就，一生写了60多部大大小小的科幻小说，特别是他1865年出版的《从地球到月球》及1870年出版的续集《环绕月球》两本小说，几乎是现代阿波罗登月工程的原始性预演。威尔斯则发挥了更为天马行空的想象，在1901年出版的《首先登上月球的人们》一书中，主人公利用可屏蔽地球引力的物质飞往月球，并发现了地外文明——一个庞大的月球蚂蚁家族。

探测篇

几乎就在同时，1904年，我国晚清作家"荒江钓叟"在上海《绣像小说》上连载发表13万字的文言文小说——《月球殖民地小说》，其中讲述了反清革命志士乘坐飞艇前往月球寻妻的故事。作为近代中国首部原创的科幻作品，《月球殖民地小说》在百年前就用科技而非神话描绘出中国人的登月梦想。遗憾的是关于作者的其他资料目前已无法找到。

儒勒·凡尔纳的小说《从地球到月球》几乎启发了所有的现代航天先驱们，但人类对太空无限的遐想长期停留在小说层面。到了20世纪中叶，火箭和航天技术的进步才将人类对月球的探索带入第3个阶段。

2.3 航天器探蟾宫

进入20世纪，人们观念中关于宇宙空间的科学概念已逐渐形成。而火箭和航天技术则给宇宙探索技术带来了第3次，也是迄今为止最大的一次飞跃。除了可以将各种望远镜送进太空以避开地球大气层造成的观测影响外，还可以将其他探测器甚至将人送入宇宙深处进行更加直接的"面对面"式的探测。由于月球是地球的天然卫星，是离地球最近的天体，所以它理所当然地成为空间探测的首选目的地。

尽管巨型望远镜能分辨出月球上50m左右大小的目标，但人们对于月球上的具体情况和地貌、地质结构仍然知之甚少。月球表面的地质条件是否可以承受登月舱的压力？登月舱应该在什么地方着陆？着陆后航天员能在月面上行走吗？人在月球上安全吗？这些问题在航天器进入太空之前仍然是未知的谜题。

为了解答这些问题，1958—1976年期间，人类发展了月球硬着陆、软着陆和绕月飞行技术，并于1969年最终实现了登上月球的夙愿。苏联的3次月球（Luna）无人登月探测和美国的6次阿波罗（Apollo）载人登月从月球上带回了大量的岩石和月球土壤样品。对这些月球样品的全面分析与系统研究，大大丰富和加深了人类对月球的认识。

 利用航天器探测月球的方式

人类对月球的探测,经历了从无人月球探测到载人登月探测,由简单到复杂的7种方式。

1) 掠月探测

月球探测器从距月球数千千米到数万千米的近旁飞过,在飞过月球的短时间内,对月球表面进行摄像,或利用仪器测量月球的重力场、磁场或周围辐射环境。这是最早的探月方式。

2) 绕月探测

月球探测器进入环绕月球飞行的轨道,在一百至数百千米高度上,在较长的时间里,对大部分月面进行摄像和环境探测。与地球卫星相似,月球探测器运行的轨道也可分为圆轨道、椭圆轨道、极轨道、赤道轨道等,环绕月球运行的探测器也被称为月球卫星。

在各种探测方式中,绕月探测是必不可少的基本方式,不管是初始探测还是深入探测,绕月探测都有非常重要的作用。绕月探测器类似于地球的遥感卫星,可有效地对月貌进行观测,绘制月球的三维图像;绕月方式可探测近月空间及月表的宇宙线和太阳风的成分、通量与能谱,月球的磁场和重力场,月球大气的成分与特征,月表的物理与化学环境等,这对于了解月球的起源和演变是非常重要的,同时,也可为载人登月做必要准备。正因为如此,美国和苏联都进行了多次绕月探测。

3) 硬着陆探测

月球探测器在绕月飞行并完成既定任务后,以不加任何防范的方式直接撞击在月球表面。它在坠落前的瞬间仍可对月球表面进行近距离、高分辨率摄像,并可以测试月表的硬度,测试数据在它撞毁在月球之前传回地球。

4) 软着陆探测

探测器在受控情况下,按照计划选定的地点和时间释放出专门的着陆器,以无损方式在月表软着陆,然后进行原位探测,这种方式可以测试月表的地形地物,测量月

探
测
篇

壤化学组成和内部结构等。

5）月表巡视勘查

这种方式是在实现软着陆的前提下,着陆器释放出可自主移动的月球车,用月球车进行探测。月球车通过在月面上的巡游,对大范围的月面进行现场考察与勘测。

6）自动采样返回

探测器在月球上软着陆,利用自身携带的取样设备自动采集月球岩石和土壤样品,并通过返回舱将采集的月球样品送回地球,然后在实验室对样品进行精细的分析研究。

7）载人登月

顾名思义,载人登月就是通过载人航天器将人直接送到月球表面,由人现场开展各种探测活动。由于人直接置身于月球表面,所以可精心挑选并大量收集月球土壤及岩石样品,拍摄大量照片,安装各种测量仪器,获取丰富和详细的月球资料。迄今为止,只有美国的阿波罗飞船实现了载人登月。其主要步骤和途径是:

(1)载人沿月球轨道飞行

美国阿波罗飞船在经过多次不载人飞行和一次载人绕地球轨道飞行后,开始了载人绕月轨道飞行。阿波罗8号、9号和10号通过绕月轨道飞行,完成验证航天员在外层空间工作和生活的适应性,试验、模拟登月舱脱离绕月轨道的降落试验、轨道机动飞行和交会,登月舱和指挥舱的分离和对接等任务,为阿波罗飞船登月做了充分准备工作。

(2)航天员乘登月舱在月面软着陆

阿波罗飞船在经过3次载人绕月轨道飞行后,美国成功发射了阿波罗11号飞船,航天员乘登月舱在月面软着陆,实现了人类首次登月。随后成功地实现载人登月的还有阿波罗12号、14号、15号、16号、17号飞船,先后完成了多项任务,如航天员进行月面行走;设置自动月震仪、激光反射器和月面核动力科学实验站等科学试验仪器;借助月球车等仪器设备进行较大区域的高分辨率拍摄;进行月球地质勘探和采集月球岩石,发射月球卫星;进行月球通信和载人安全返回等活动。

2.3.1 苏联的月球探测

在本阶段中,苏联所开展的月球探测计划主要有两项,分别是"月球(Luna)"计划和"月球探测器(Zond)"计划。

1) 月球(Luna)计划

苏联在1957年10月4日发射人类第一颗人造卫星之后,就开始了发射月球探测器的准备,这个系列被命名为月球(Luna)号。月球计划是一个庞大的无人飞船月球探测计划。1959年进行了首次发射,1976年完成了最后一次飞行,目的是探测月球及其环境信息,并为载人探月做准备。该计划一共进行了24次发射,先后以掠月探测、绕月探测、硬着陆探测、软着陆探测、月表巡视勘查和自动采样返回的多种方式对月球开展了大量的探测活动。24次发射中,2次飞越月球(Luna 1、3号),1次在月球上硬着陆(Luna 2号),2次月球着陆器未击中月球而逃逸,分别进入地 – 月轨道和太阳轨道(Luna 4、6号),5次在试图软着陆过程中坠毁在月球上(Luna 5、7、8、15、18号),1次成功着陆后发生机械故障,因而未能完成使命(Luna 23号)。在这些探测器中,6个为月球轨道器(Luna 10、11、12、14、19、22号),7个成功在月表着陆(Luna 9、13、16、17、20、21、24号),总共运送回320g月球土壤和岩石标本。

月球计划从技术上可以分成两个性质有明显区别的时期。

(1) 1959—1968年,苏联发射了Luna 1~14号探测器,它们的主要任务是进行绕月飞行,探测月球的背面,并实现在月面的着陆。

1959年1月2日,距离苏联第一颗人造卫星发射仅仅一年零几个月,苏联的第一个月球探测器Luna 1号发射升空,拉开了人类通过航天方式探测月球的序幕。Luna 1号是一个重361.3kg的无人探测器(图2 – 8),它在飞行途中一切顺利,但是最后却没有能够命中月球,而是从距离月球

图2 – 8 苏联Luna 1号探测器

表面7 500km处掠过,无意中成了历史上第一颗"人造行星"。

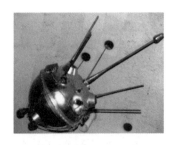

图2-9 苏联Luna 2号探测器

第二个探测器Luna 2号(图2-9)于1959年9月12日发射,这次苏联人终于如愿以偿。探测器在发射2天后,准确命中月球,在月球表面的澄海硬着陆。这是人类历史上第一个到达月球的使者。由于是硬着陆,探测器的工作在撞击月面的瞬间停止,但是在这之前,它已经发回了重要的数据,表明月球没有强磁场,月球周围没有辐射带。

紧接着在同年10月,Luna 3号(图2-10)绕到了月球的背面,从而获得了人类历史上第一张月球背面的照片。由于当时不太可能回收探测器,胶卷是直接在探测器里自动冲洗并用无线电传回地面的。Luna 3号一共拍摄了29张照片,覆盖了月球背面70%的区域。照相之后,它向地球传回了17张可分辨的图像,其中只有9张比较清晰,但是这毕竟是千百年来人类第一次看到月球的背面。苏联人制出了第一张月球背面的地理图,有一些环形山被命名,例如齐奥尔科夫斯基、爱迪生和祖冲之。当年10月22日,Luna 3号和地面失去联系,它可能在1962年3—4月间在地球大气层中被烧毁。

图2-10 苏联Luna 3号探测器

在这一阶段的美苏月球探测竞争中,苏联人取得了彻底的胜利,包括第一个到达月球,第一个得到月球背面的照片,第一个取回月球土壤和岩石样品,等等。美国人直到1962—1965年间才达到同样的目标。在这期间,一些苏联科学家甚至提出过一个在当时很有时代气息的建议:把一个原子弹送上月球并引爆,让全世界的天文学家都来拍摄爆炸时的情景,以显示苏联的实力。但是后来考虑到月球上没有大气,核爆炸时间可能会很短,远不如地球上的壮观,这个建议才被否决了。

绕月探测成功后,苏联就紧锣密鼓地研究怎么在月球上软着陆,以便拍摄月面照片和采集标本。在月球着陆与在地球、火星、金星着陆都不一样,由于月球没有大气可以利用,所以需要应用逆向推力火箭减速技术,或在着陆时另加气囊保护。一般的程序是:当探测器到达着陆区上空时,调整制动火箭推力方向;下降到一定高度时,改为小推力或自由垂直下降。此时航天器上的着陆雷达还必须不断测出到月面的距离。到着陆最后阶段时,制动火箭以小推力工作,使探测器进一步减速。当探测器支撑脚上的探针触及月面时,火箭停止工作,缓冲气囊打开。这时探测器的垂直速度仅为1~2m/s,差不多和人的正常行走速度相当。

图2-11　苏联Luna 9号探测器

经过从Luna 4号到8号接连几次失败后,1966年1月31日发射的Luna 9号(图2-11),终于成功地软着陆在月球正面的风暴洋附近。Luna 9号重1.58t,在着陆前48s(距月面75km),火箭逆向喷射减速;在探测器本体撞击月面之前,重100kg的着陆体和本体分离。这个着陆体装在自动充气的气囊里,后者起缓冲作用。着陆后,保护气囊打开。花瓣形的登月舱装有中等分辨率的电视摄像机和发送天线,把电视摄像机拍摄的月面景色传回地球。有趣的是Luna 9号送回的照片同时被英国的焦德班克射电天文台收到,英国人抢在了苏联人之前发表,并立刻被全世界新闻媒体转载。苏联自己的照片迟一天发表,但是精确度和分辨率都更高,从照片上面甚至可以看到直径仅为2cm的小石子。

在实现了遥看月球和登陆月球之后,下一步考虑的自然应该是从月球上带点什么东西回来,于是苏联的月球探测进入了另一个更加辉煌的阶段。

(2)1969—1976年,苏联发射了Luna 15~24号探测器,由于探测任务大为增加,这一时期的探测器成为月球探测的"自动科学站"。例如,Luna 16号(图2-12)探测器在到达月球后,用它自带的特制小勺挖了100g月球岩石样品,并送回地面进行分

探测篇

析；Luna 17号携带了世界第一台无人驾驶的月球车，勘探了月球表面8万m²的地域，进行了200多次月壤土样检测，并用X射线望远镜扫描天空，获取了大量资料；Luna 24号探测器携带的挖掘机则从月球表面2m深处挖取了1 000g月球样品。

图2-12 苏联Luna 16号探测器

首先升空的是1969年7月13日发射的Luna 15号，它试图到月球上取样后返回地球，但不幸的是Luna 15号软着陆失败。1970年9月12日发射的重1.88t的Luna 16号终于实现了这个愿望。它在月面的丰富海软着陆后，就自动伸出一只长臂，上面的钻机钻入月球土壤层30cm深，然后把钻取的土壤样品送到能返回地球的飞船上升段。但是由于设计时考虑欠周，在收回钻头的时候，土壤样品几乎掉了一半，只保留了100g样品，4天后顺利回到了地球。

1970年11月10日，苏联发射了Luna 17号。这次，苏联人把一台自动行驶的月球车（"月行者1号"，图2-13）带上月球。在雨海软着陆后，月行者1号被着陆器释放到月面上。这是人类探月历史上的第一台月球车，有8个直径为51cm的车轮，长2.2m、宽1.6m、重756kg，由轮式底盘和仪器舱组成，用太阳能电池和蓄电池联合供

图2-13 苏联月行者1号月球车

电。月球车的车轮用独立电动机驱动，用电磁继电器制动，靠弹性吊架减震。车载仪器舱里有土壤采集分析装置、自动光谱测量仪、辐射计量仪、照相机、电视摄像机和通信设备。地面人员可以看着画面操纵月球车运行。由于晚上月面极度寒冷，车里利用同位素热源保温。月行者1号在月面活动了11个月，时间远远长于设计的3个月。这期间，

图2-14　苏联月行者2号月球车

它行驶了10.5km，调查了8万m²的月面区域，拍摄了200张全景照片和2万多张月面照片，并且还对500多个地区做了月面地层的物理和机械性质研究，在25个区域做了土壤成分化学分析，成为苏联最成功的月球探测器之一。同样带有月球车（月行者2号，图2-14）的Luna 21号于1973年1月8日发射，在澄海东端着陆后，放下了月行者2号。这辆月球车重840kg，装有改进过的仪器。在4个月的时间里漫游了37km，发回了88张月面全景图，并用车载的X射线分光计对月球土壤进行了化学分析。

剩下的几个探测器，Luna 24号于1976年8月9日发射，在危海软着陆，主要任务是采集月球土壤。它携带的钻机经过彻底改进，钻探深度达2m，而且在不同的地方取样，最终带回了170g样品。这是"月球"系列中最后一个探测器。至此，苏联对月球的无人探测宣告完成。由于这一时期载人登月的竞赛已经结束，苏联航天战略把重点转向了空间站，如火如荼的月球探测终于告一段落，月球暂时又恢复了以前的平静。

月球车

月球车是在月球表面行驶并对月球进行考察和收集、分析样品的专用车辆，分为无人驾驶和有人驾驶两类。

无人驾驶月球车由轮式底盘和仪器舱组成，用太阳能电池和蓄电池联合供电，靠

探测篇

地面遥控指令行驶。1970年11月17日，苏联发射的Luna 17号探测器把世界上第一台无人驾驶的月球车——月行者1号送上月球。

有人驾驶月球车是由航天员驾驶在月面上行走的车，主要用于扩大航天员的活动范围和减少其体力消耗，并可随时存放航天员采集的样品和土壤标本。这类月球车的每个轮子各由一台发动机驱动，靠蓄电池提供动力，轮胎在−100℃低温下仍可保持弹性。航天员操纵手柄驾驶月球车，可向前、向后、转弯和爬坡。1971年9月30日，美国阿波罗15号飞船登上月球，两名航天员驾驶月球车行驶了27.9km；阿波罗16号、17号携带的月球车分别在月面上行驶了27km和35km，并利用月球车上的彩色摄像机和传输设备，向地球实时发回了航天员在月面上活动的情景，航天员和返回舱离开月球返回环月轨道时的情景，以及返回舱上升、发动机喷气的情景。

尽管苏联的月球计划历经起起落落，最终也没有能够实现载人登月，但它还是创造了多项"第一"，包括首次飞越月球，首次撞击月球，首次拍摄到月球背面的图像，首次月球软着陆，首个月球卫星，首次月壤分析，首次取样返回地球，以及首次在月球上放置月球车。该计划还成功地开展了月球遥感与摄影，遥控月面上的两台月球车，以及取回3套月球样品。

2）月球探测器（Zond）计划

月球计划开始后不久，苏联同时制订和执行了另一个规模相对较小的载人登月计划——Zond（月球探测器）探测计划。

相对月球计划而言，人们对苏联的月球探测器计划的了解要少许多。其实该计划是苏联所开展的两个主要的探月计划之一，目的是探究月球及其周围的环境，并把航天员率先送入月球轨道。图2−15是该计划所使用的空间飞行器。

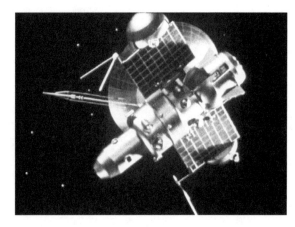

图2−15　Zond 计划所使用的空间飞行器

这个计划开始于1964年,1979年结束。需要说明的是,Zond 1~3号均是小型的行星探测器。Zond 1号和Zond 2号分别用来探测金星和火星,但均以失败告终。Zond 3号的目的是先拍摄月球背面(是全世界第2个做到这一点的空间探测器),然后继续飞往火星轨道。后来的Zond 4~8号才是真正意义上用于载人绕月飞行试验的探测器。

1968年9月18日发射的Zond 5号搭载着西伯利亚草原乌龟、葡萄酒蝇、谷物蠕虫、植物、种子、细菌以及其他生物活体,成功进行了绕月球飞行,途中拍摄了高质量的地球图像,3天后的9月21日降落在备份着陆区——印度洋,成为人类历史上首个探月成功并返回地球的航天器。据说太空飞行后回到地球的乌龟依然存活,尽管体重减轻了大约10%,但依然生机勃勃,食欲不减。

接下来,苏联连续成功发射了Zond 6号、7号、8号。Zond 8号飞行之后,随着美国阿波罗8号等成功登陆月球的巨大成功,全世界的目光都转向了美国的探月计划,加上苏联载人火箭研制遭遇诸多困难,苏联最终放弃了Zond探测器计划。尽管Zond探测器计划从未进行过载人飞行,但这项计划的绝大部分技术仍可用于执行登月任务。另外,Zond探测器计划还收集到了大量月球及其空间环境的科学信息,比如微小流星体通量、太阳和宇宙射线、月球磁场、无线电发射,以及太阳风等,还进行了生物体载荷的空间飞行,拍摄了大量照片。

这一轮较量中,苏联人抢到了率先绕月和月球软着陆两项第一,但是美国人正在加快步伐赶上来,在月面软着陆只比苏联晚4个月,不仅获得了更好的数据和照片,还成功实现了载人登月,从而后来居上,迅速把苏联甩在了身后。

2.3.2 美国的月球探测

1958—1976年期间,虽然苏联在这一轮探测月球的全部过程中取得了多项第一,但最先发射探月飞行器的却是美国,只不过美国在开始时遭受了接二连三的失败。美国的一系列月球探测计划以载人登月为最终目的,"先驱者"作为探月先锋,在探月方面基本没有多少成果,后由"徘徊者""勘测者""月球轨道器""探险者"和"阿波罗"5个探测器计划分别完成各个阶段的任务。最后阶段的"阿波罗"计划,于1969年7月首次成功地将人送上了月球,拉开了人类登月的序幕。

1）先驱者（Pioneer）计划（1958—1959）

先驱者号是美国探月的先锋。以探月为目的的先驱者号，美国在一年时间内就发射了5个。先驱者0、1、2号是美国最早离开地球的飞行器，它们的任务主要是围绕月球飞行，并且拍摄月球表面的照片。其中先驱者0号（图2-16）是1958年8月18日由美国空军发射的，发射77秒后

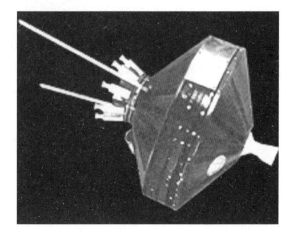

图2-16 美国先驱者0号

由于一级火箭爆炸而被毁。先驱者1、2号的发射则转由当时新成立不久的美国航空航天局（NASA）负责实施，但它们的发射也相继失败。先驱者1号未能逃脱地球引力场，发射两天后坠毁于太平洋。尽管先驱者1号未能进入月球轨道，但它还是达到了地球113 854km的上空，并传回了地球辐射带的资料。先驱者2号也同样发射失败，在发射6小时52分钟后返回大气层被烧毁，没有传回任何有价值的信息。

先驱者3、4号各自携带了一个辐射检测仪，计划在它们经过月球时，检测地月之间的辐射环境。先驱者3号在发射过程中出现问题，但是发现了地球的第二个辐射带。在苏联的Luna 1号发射两个月后的1959年3月3日，先驱者4号探测器（图2-17，外形为高51cm，底部直径23cm的圆锥形）成功地从距月面5.9万km处飞掠月球后，经轨道变换进入绕日轨道，成为美国制造和发射的第一个摆脱地球引力的探测器，也是美国第一个达到环日轨道的飞行器。但由于距离月球太远，光电感应器未能启动，所以未能拍摄到月球的图像，也未击中月球。1959年3月6日后它与地面失去联系。

图2-17 美国先驱者4号

从先驱者5号开始，先驱者计划转向专门探测行星际

空间,并逐渐取得了更多的成功。

 地球辐射带

地球辐射带指地球
周围空间大量高能带电
粒子的聚集区,又称为范
艾伦(Van Allen)辐射带
(图2-18)。它分为内、
外两个带,在向阳面和背
阳面各有一个区。内辐
射带离地面较近,而外辐
射带离地面较远。地球
辐射带是由于地磁场约

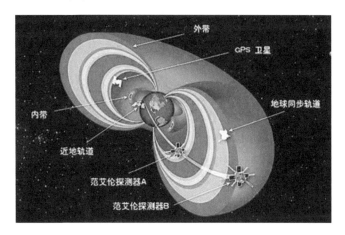

图2-18 地球辐射带

束高能粒子(MeV)而在地表空间形成的一个特定区域。

内辐射带的中心位置到地心的距离约为1.5个地球半径,范围限于磁纬度±40°之间,东西半球不对称。西半球起始高度比东半球低,最高处可在9 000km处开始。两半球都向赤道方面凸出。带内含有能量为50MeV的质子和能量大于30MeV的电子。外辐射带的中心离地心距离为3~4个地球半径。起始高度为13 000~19 000km,厚约6 000km,范围可延伸到磁纬度50°~60°。外带比较稀薄。外带内的带电粒子的能量比内带小,但远远超过外大气层中粒子的热运动能。向阳面和背阳面的内外辐射带的粒子环境在空间上并不是完全对称的,被俘获的带电粒子实际上分布于整个地磁场,所以辐射带的界线并不分明,只是带内带电粒子的密度比其他区域大。在地球辐射带中,内带的带电粒子数是相对稳定的,外带则变化较大,差别可达到100倍。一般来讲,在内带里容易测到高能质子,在外带里容易测到高能电子。

地球辐射带不是永远不变的,它受地磁场长期变化的影响,而使辐射带的空间分布和强度发生变化,辐射带空间分布的长期变化与南大西洋负磁异常区的变化趋势

探测篇

基本一致,强度的变化则要通过大量的探测才能确定。

地球辐射带对人类太空探测活动有一定影响。内带中对卫星和航天员的威胁主要来自高能的质子,外辐射带对卫星和航天员的威胁主要来自高能的电子。

地球辐射带是空间探测时代的第一项重大天文发现。1992年2月初,美国和俄罗斯的空间科学家宣布,他们发现了地球的第三条辐射带。新辐射带位于内、外范艾伦带当中,是由所谓的反常宇宙线——大部分是丢失一个电子的氧离子构成的。

2) 徘徊者(Ranger)计划(1961—1965)

徘徊者计划是美国首次尝试直接向月球发射探测器。按照设计,其飞行器在接近月球过程中向地球传送图像和数据,最后撞向月球表面。徘徊者号探测器外形像个大蜻蜓,长3m,两翼太阳能电池板展开4.75m。探测仪器装在前部,电视摄像机放在尾部(图2-19)。

美国先后共发射了9个徘徊者号。徘徊者号最初的发射也很不顺利,徘徊者1~5号探测器基本无所建树。1号和2号探测器在进入地球轨道后,由于火箭不工作而坠入大气层烧毁;3号探测器的火箭运行过了头,将它送到远离月球3.7万km的太空,成为一个人造的"游星";4号探测器的控制系统出现故障,使它一头撞到月球背后的环行山上,被摔得稀烂;5号探测器因电源故障而毁坏,偏离月球750km而失踪。直到1964年1月30日发射的徘徊者6号才成功在月面静海地区着陆。但由于电视系统在发射时遭到电弧的损坏,在接近目标时才开机,因此还是没有能够如愿拍回照片。

图2-19 徘徊者号探测器

在徘徊者7号发射后,美

国的探月计划才开始有了转机。1964年7月28日,徘徊者7号发射成功并顺利到达月球,在云海地区着陆,它上面的6台电视摄像机向地面发回4 308张月面特写照片,这些照片清楚地显示出月面直径小到3m的月坑和不到25cm大小的岩石碎块,这是人类首次电视直播月球表面的情况。随后1965年2月17日发射的徘徊者8号和3月24日发射的徘徊者9号,都在月球上成功着陆。前者拍回了7 137张月面照片,记录了更大范围的月面地貌,为月球全球地形图的绘制填补了空白;后者着陆于月球的一个月坑中,它拍摄了5 814张月面近景照片,并首次将电视实况接入商业网络中。

3) 勘测者(Surveyor)计划(1966—1968)

在徘徊者计划实施的过程中,由于探测器发射或飞行屡屡失败,美国终止了原计划,转而研制了另一种新型的月球探测器——勘测者号(图2–20),它是美国首次尝试在月球表面进行软着陆的实验品。其目的是通过这些发射,来测试新型高能火箭和新设计的飞行器,试验新的更完善的着陆方法,为最终的正式软着陆打好基础。

勘测者号探测器有3只脚,总重达1t,装有当时最先进的探测设备。美国先后发射了7个勘测者号月球探测器,2个失败,5个成功。

1966年5月30日发射的勘测者1号探测器,经过64小时的飞行,软着陆于月球表面的风暴洋区域,着陆器一直工作到1967年1月7日,总共向地面发回11 237张照片。1966年9月20日发射的勘测者2号,因登月的3台微调发动机中有一台未发动,在发射3天之后坠毁于月面。1967年4月17日发射的勘测者3号是美国第一个装备月球取样设备的探测器,它按地面指令在月面掘出岩样,供给月壤分析器分析,同时发回6 300张照片。它使用携带的铲子挖掘月球土壤,深度达18cm,通过观察和读数,显示月壤与地球的海边滩沙相似,适于登月舱着陆。其后发射的勘测者4号在按程序着陆2分30秒后与地面失去了联系。勘测者5号则配备了一台

图2–20 美国勘测者号探测器

分析月球表层土壤化学成分的仪器,采用放射性同位素方法,首次测定了月壤的化学成分。勘测者6号发回了18 006幅电视画面。勘测者7号实地调查了阿波罗飞船的登月点和具有代表性的月面,发回了21 000幅图片,证明勘察到的地区有足够的支撑硬度,可以保证载人的阿波罗飞船降落。但图片中也显示月面上有一些碎石,可能妨碍载人飞船着陆。这些情况为后来的阿波罗飞船的降落提供了十分重要的信息。

4)月球轨道器(Lunar Orbiter)计划(1966—1967)

在实施勘测者计划的同时,为了阿波罗登月的成功,美国还启动了另一项名为月球轨道器的计划,它的主要目的是在绕月轨道上拍摄月球表面的详细地形照片,为阿波罗飞船选择最安全的着陆点。

1966年8月到1967年8月这一年中,美国发射了5个月球轨道飞行器(图2-21),全部获得成功。它们对月面99%的区域进行了探测,拍摄了大量高分辨率的照片,选出了10个可供阿波罗飞船着陆的候选登月点。同时,它们还获得许多月球表面放射性、矿物含量和月球引力场等有用数据。

图2-21 美国的月球轨道器飞行器

5)探险者(Explorer)计划(1958—1975)

探险者是美国的一个人造卫星系列,也是当时美国规模最大的科学系列卫星。1958年1月31日发射的探险者1号是美国发射的第一颗卫星,之后探险者系列一直延续到1975年11月20日发射的探险者55号卫星才告终止。

探险者系列主要用于探测地球大气层和电离层,测量地球高空磁场,测量太阳辐射、太阳风,探测行星际空间等,在地球空间环境探测中起到了重要作用。探险者号卫星系列多为小型卫星,但其外形结构差别很大,由于探测的空间区域不同,它们的运行轨道有高有低、有远有近,差别也很大。

1967年7月19日发射的探险者35号（图2－22）卫星是一个月球轨道器，对月球空间环境及其有无磁场进行了探测，结果发现月球仅有局部磁场而没有类似地球这样的全球性磁场。

6）阿波罗（Apollo）计划（1961—1972）

经过徘徊者号探测器计划、勘测者号探测器计划、月球轨道器计划和探险者35号卫星等做了大量准备工作后，美国航空航天局在20世纪60—70年代组织实施了阿波罗载人登月工程，或称阿波罗计划。

图2－22　美国的探险者35号卫星

阿波罗计划是人类历史上最著名的探月工程之一，是人类首次踏足地外天体的一个里程碑。图2－23是该计划的徽标。

在阿波罗计划实施的10余年时间里，美国耗资约250亿美元，动员了400多万人，1 200多名一流的专家、工程师和2万多家公司、120所大学先后参与，共研制了17艘推力强大的阿波罗飞船，其中6艘载人的阿波罗飞船到达月球，12名航天员踏上月球，进行了月球探险。

阿波罗计划是用阿波罗号系列飞船，通过月球轨道交会法将人送上月球的。

图2－23　阿波罗计划徽标

知识链接　阿波罗号飞船

阿波罗号飞船由指令舱、服务舱和登月舱3个部分组成（图2－24）。

探测篇

67

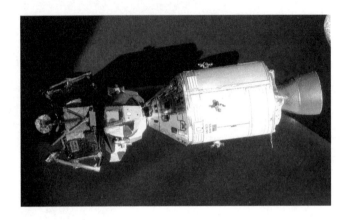

图2-24　阿波罗号飞船的外形结构

1）指令舱

指令舱是航天员在飞行中生活和工作的座舱,也是整个飞船的控制中心。指令舱为圆锥形,高3.2m,重约6t。指令舱分前舱、航天员舱和后舱3部分。前舱内放置着陆部件、回收设备和姿态控制发动机等。航天员舱为密封舱,存有供航天员生活14天的必需品和救生设备。后舱内装有10台姿态控制发动机,各种仪器和贮箱,还有制导导航系统以及船载计算机和无线电分系统等。

2）服务舱

服务舱前端与指令舱对接,后端有推进系统和主发动机喷管。舱体为圆筒形,高6.7m,直径4m,重约25t。主发动机用于轨道转移和变轨机动。姿态控制系统由16台火箭发动机组成,它们还用于飞船与第三级火箭分离、登月舱与指令舱对接和指令舱与服务舱分离等。

3）登月舱

登月舱由下降级和上升级组成,地面起飞时重14.7t,宽4.3m,最大高度约7m。①下降级:由着陆发动机、4条着陆腿和4个仪器舱组成。②上升级:为登月舱主体。航天员完成月面活动后驾驶上升级返回环月轨道与指令舱会合。上升级由航天员座舱、返回发动机、推进剂贮箱、仪器舱和控制系统组成。航天员座舱可容纳2名航天员(但无座椅),有导航、控制、通信、生命保障和电源等设备。

 **人是如何飞到月球的？**

　　人类飞往月球不采取"直达"（即用大推力火箭将飞船直接发到月球）的方式,因为这种方式虽然简单方便、容易控制,但需要超大推力的火箭。这种火箭技术复杂,研制困难,不能重复使用,造价太过昂贵。

　　先说说航天工程中经常提到的停泊轨道是什么意思。

　　停泊轨道:停泊轨道(parking orbit)是航天器为了转移到另一条轨道去而暂时停留的椭圆(圆)轨道,又称驻留轨道。停泊轨道常常用于航天器的交会对接。

　　停泊轨道按中心体不同可分为地球停泊轨道、月球停泊轨道和行星停泊轨道,有时在大家都理解的前提下,简称××轨道。地球停泊轨道是发射月球探测器、登月载人飞船、空间探测器和离地球较远的人造地球卫星(如静止卫星)的一个阶段,用于选择进入过渡轨道的入轨点,以弥补地面发射场地理位置固定的缺点,满足过渡轨道的要求。月球和行星停泊轨道用于选择进入轨道的起点,以保证航天器降落在天体表面的指定地区。对于返回地球的航天器,同样可以选择返回轨道的起点,以保证航天器能够准确进入再入走廊。此外,安排停泊轨道还为飞往新轨道之前提供最后全面检查航天器各系统可靠性的机会。

　　人类飞往月球的有效方式主要有以下3种轨道交会法。

1）地球轨道交会法

　　将载人月球飞船分解成不同组件,然后将它们一部分一部分地发射到地球轨道上,在地球轨道上通过交会对接,重新组装成一艘完整的飞船,再飞往月球。这种方法显然不是最佳选择,因为这种方法虽然不需要特大推力的火箭,但需要在地球轨道上进行多次反复的交会和对接,不仅控制困难,而且费用也不低。

2）月球轨道交会法

　　这是阿波罗计划采用的方法。它是用大推力火箭将载人飞船发射到地球轨道,船箭分离后,飞船依靠惯性从地球轨道飞到月球轨道。在月球轨道上,航天员从飞船指令舱进入登月舱,然后登月舱与指令舱分离。登月舱装有火箭发动机,用制动火箭

探测篇

减速,最后降落在月面上。返回时启动登月舱的上升发动机,在月球轨道上与指令舱会合对接,航天员从登月舱返回指令舱,然后抛弃登月舱,开动指令舱火箭,从月球轨道飞向地球轨道。当再次返回进入大气层时,将指令舱后的服务舱抛弃,仅剩指令舱降落到地面的预定区域。图2-25是阿波罗11号登月过程的示意图。这种方法比较适合于人数较少、飞行次数不多的登月任务。对于登月人数、次数很多,运量大的登月任务,此种方法也并非最佳方案。

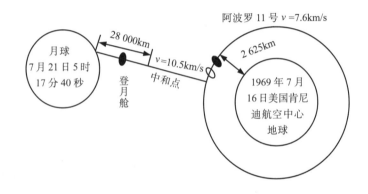

图2-25 阿波罗11号登月过程示意图

3）双轨道交会法

这是为了适应比以往更大规模的探测需要,由美国航空航天局提出的一种新的飞行方式。这种飞行方式的特点是综合了前两种方法的优点,在地球轨道和月球轨道上先后进行两次轨道交会和对接,但过程极为复杂,科技含量要求更高。其步骤大致是:①用大型火箭发射月球着陆器,将月球着陆器送到地球轨道上。②发射载有航天员的月球飞船到达地球轨道,并与月球着陆器对接。航天员从月球飞船进入月球着陆器。③飞船与着陆器的复合体使用"飞离地球级"飞往月球,之后复合体抛离"飞离地球级"而进入月球轨道。④航天员乘月球着陆器下降到月面上,月球飞船仍留在月球轨道上。⑤航天员在月面上进行科学考察。⑥航天员乘坐月球着陆器,使用上升发动机离开月球。⑦月球着陆器到达月球轨道后与停留在月球轨道上的月球飞船对接,航天员进入月球飞船。⑧月球飞船飞往地球,同时抛弃月球着陆器,之后再抛弃服务舱。航天员留在飞船指令舱。⑨飞船指令舱进入地球大气层。⑩飞船指令舱使用降落伞和反推火箭在地面上安全着陆,最终返回地球。

正式以阿波罗号命名的探月飞行一共有15次,即阿波罗1号,阿波罗4~17号,没有正式命名的有阿波罗2号和3号。而在这之前,还进行了十多次各种类型的试验飞行。

阿波罗计划刚开始执行时也很不顺利。1967年1月27日,美国航天员怀特、格里索姆、查菲3人,在阿波罗登月飞船的指令舱作模拟训练时,突然一声巨响,舱内发生了大火。失火的原因是一个电火花把氧气点燃,引起了爆炸。因为指令舱制作精良,密封性极好,爆炸声、呼救声、烟火传不到舱外。因此等到舱外管理人员从仪表发现异常迅速赶到现场时,这3名航天员已经牺牲了。就这样,一个微不足道的原因引起的事故使美国把阿波罗登月计划推迟了一年,它也使得人们再次深刻地认识到月球探测的巨大风险。

这次失事的飞船后来才被正式命名为阿波罗1号。除阿波罗1号外,没有正式命名的阿波罗2号和3号以及正式命名为阿波罗4~6号,主要任务都是完成准备飞行的工作。例如阿波罗4号飞船的任务是检验火箭和指令舱发动机,阿波罗5号飞船的任务是试验登月舱下降和上升的推进系统,阿波罗6号飞船才在前述基础上对整个飞行器的所有功能进行了全面的试验。

从阿波罗7号开始进行载人飞行试验。1968年10月11日,阿波罗7号在环绕地球的轨道上作改变轨道的试验飞行,载着3名航天员绕地球飞行了163圈,预示着相关技术已经成熟。

真正迈出载人月球探测第一步的是阿波罗8号。它从绕地球轨道进入距月面100km高的绕月轨道进行试验飞行,在完成绕月飞行后安全返回地球。之后,阿波罗9号是在地球轨道上进行登月飞行的完整测试,它验证了登月系统的可靠性,进行了登月舱与母船的分离、对接试验和航天员舱外转移演习。1969年5月18日发射的阿波罗10号是人类踏上月球前进行的最后一次彩排,它的任务是进行登月全过程的演练飞行,共绕月飞行31圈。飞行中,两名航天员乘登月舱下降到离月面15.2km的高度。

1969年7月16日，全世界关注的日子到来了。N.A.阿姆斯特朗、E.E.奥尔德林和M.科林斯一起乘阿波罗11号飞船飞向月球，飞船由土星5号火箭发射升空。在将飞船送至环绕地球运行的低高度停泊轨道后，第三级火箭第二次点火加速，将飞船送入地－月过渡轨道。接着飞船与第三级火箭分离，沿过渡轨道飞行两天半后开始接近月球，服务舱的主发动机减速，使飞

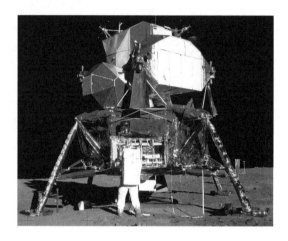

图2－26　阿波罗11号飞船的登月舱

船进入绕月轨道。航天员N.A.阿姆斯特朗和E.E.奥尔德林进入登月舱（图2－26）后，驾驶登月舱与母船分离，下降至月面实现软着陆。另一名航天员M.科林斯仍留在指令舱内，继续沿绕月轨道飞行。

美国东部时间1969年7月20日22时56分，乘坐阿波罗11号飞船的航天员N.A.阿姆斯特朗首先迈出右脚，在月面上印下了人类第一只脚印（图2－27），并说出了人

图2－27　阿姆斯特朗在月面上印下的人类第一只脚印

类科技和文明史上广为人知的一句名言："That's one small step for a man, one giant leep for mankind."（这是我个人迈出的一小步，却是人类迈出的一大步）18分钟后，他的同伴 E. E. 奥尔德林也踏上了月面。他们一起在月面活动了2小时24分钟，在月面上展开太阳能电池阵，安放了自动月震仪、激光发射器、太阳风探测仪，采集了22kg月球岩石和土壤样品。在月

图2-28 阿波罗11号降落于太平洋

面上停留了21小时36分钟后，他们重新起飞，驾驶登月舱的上升级返回环月轨道，与留在月球轨道上的母船及同伴科林斯会合，并抛弃登月舱，启动服务舱主发动机使飞船加速，进入月-地过渡轨道，开始了重返地球的航行。在接近地球时飞船进入再入走廊，他们抛掉服务舱，使指令舱的圆拱形底部朝前，在强大的气动力作用下减速。进入低空时指令舱弹出3个降落伞，进一步降低下降速度。7月24日美国东部夏令时下午12时51分，他们降落于太平洋上，被预先停泊在附近的美国军舰营救后回到美国（图2-28）。

人物链接 *尼尔·奥尔登·阿姆斯特朗*

尼尔·奥尔登·阿姆斯特朗（Neil Alden Armstrong）1930年8月5日生于俄亥俄州沃帕科内塔。16岁生日时成为持有执照的飞行员，1947年为海军飞行学员。他曾在印第安纳州西拉斐特市珀杜大学学习航空工程。1949—1952年在美国海军服役（飞行驾驶员）。1955年获珀杜大学航空工程专业理学硕士学位，并进入国家航空技术顾问委员会（即后来的国家航空航天局）刘易斯

尼尔·奥尔登·阿姆斯特朗

探测篇

飞行推进实验室工作,后在委员会设在加利福尼亚的爱德华兹高速飞行站任试飞员。1962—1970年在休斯敦国家航空航天局载人宇宙飞船中心任航天员。1966年3月为"双子星座"8号宇宙飞船特级驾驶员。

1969年7月16日,他作为指令长同奥尔德林和科林斯一起乘阿波罗11号宇宙飞船飞向月球。7月20日,他操纵"飞鹰"号登月舱在月球表面着陆,当天晚上10时左右他和奥尔德林先后跨出登月舱,踏上月面。阿姆斯特朗率先踏上月球那荒凉而沉寂的土地,成为历史上第一个登上月球并在月球上行走的人。当时他说出了此后在无数场合常被引用的名言:"这是我个人迈出的一小步,却是人类迈出的一大步。"他们在月球上度过21小时36分钟,21日从月球起飞,24日返回地球。同年,他获美国总统颁发的自由勋章。2012年8月25日,他因心脏手术并发症去世,享年82岁。

作为人类登月第一人,阿姆斯特朗返回地球后的第一句话也是公众关注的焦点。据说美国政府最初为他设计的一句话是:"我每前进一步,都是美利坚合众国领土的延伸",但阿姆斯特朗拒绝这么说,原因是他认为"月球是属于全人类的",这样才为历史留下了上文那句至今脍炙人口的名言。

善于捕捉新闻,更善于制造新闻的媒体在新闻发布会上问阿姆斯特朗:当你登上月球的时候,你最想说的一句话是什么? 此时此刻,你最想说的一句话又是什么? 阿姆斯特朗只回答了后面一个问题,他说:"我此刻最想说的一句话是:'妈妈,我从月球上回来了,我想回家吃晚饭。'"但对于前面一个问题,阿姆斯特朗拒绝回答。一直到20多年后,当阿姆斯特朗家的邻居约翰爷爷去世后的第二年,阿姆斯特朗才告诉记者,说他在登上月球的那一刻,最想说的话是"约翰叔叔,我登上月球了"。原来这句话的起因是当阿姆斯特朗还是个顽皮的小男孩时,有一次他翻篱笆到隔壁院子里偷摘水果吃,被邻居约翰先生撞了个正着。阿姆斯特朗请求约翰先生放他一马,可约翰先生说:"除非你能上月球,我就原谅你。"令约翰先生没有想到的是,20多年后那个原来的小淘气包阿姆斯特朗真的登上了月球,成为闻名天下的太空英雄! 说不定今天正在翻书的你,就是日后第一个登上月球的中国人呢!

阿波罗11号在月球的着陆,使逐步推进的阿波罗登月计划达到高潮。在随后的3年多时间里,阿波罗计划又先后进行了6次载人登月飞行(图2-29所示为阿波罗飞船在月球上的着陆点),其中1970年4月发射的阿波罗13号,虽因氧气瓶爆炸发生事故,但仍然安全回到了地球。到1972年12月阿波罗计划的最后一次飞行——阿波罗17号登月为止,先后有18名航天员参加登月飞行,12名航天员登上月球表面。他们在月面上共停留302小时20分钟,行程90.6km,带回384.2kg月球土壤和岩石样品,实地拍摄了大量月球照片。同时,阿波罗飞船还把许多仪器安装并留在了月球上,进行太阳风观测和月震测量等科学研究。这一系列"访月"大大丰富了人类对月球的认识。

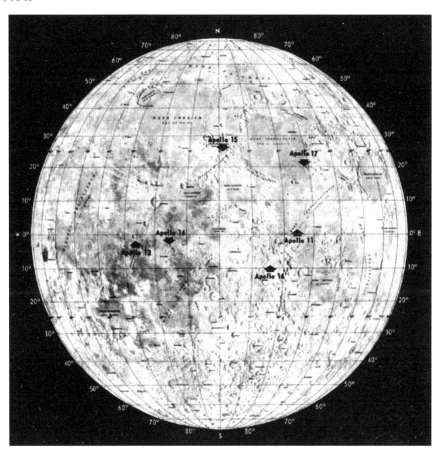

图2-29 阿波罗11~17号系列飞船在月球上的着陆点
注:其中阿波罗13号因故障未能着陆。

探测篇

2.4　重访广寒

阿波罗计划之后的1976—1994年间，由于多方面原因，世界各国均未对月球进行新的探测，人类月球探测进入了一段低潮期。这期间主要是对第一次探月高潮所获得的大量数据与样品进行分析与研究。从1994年起，月球探测活动又重趋活跃，在美国总统布什于新世纪初的2004年宣布了美国的重返月球计划后，国际社会掀起了又一个新的探月高潮。

重返月球计划意味着世界各国又重新将战略目光投向月球，这一次已经不仅是出于人类探索宇宙的科学目的，更有着全球战略布局和经济利益等方面的考虑，为人类社会的可持续发展找到一条崭新的道路，也是各航天大国共同的最高目标。

这一阶段初期的1994年和1998年，美国先后向月球发射了"克莱门汀（Clementine）"和"月球勘探者（Lunar Prospector）"两个小探测器，它们携带了一些遥感仪器，再一次探测了月球整个表面的形貌、资源、水冰等，还绘制了月球的重力场分布图，取得了新的丰硕成果。人类从新的高度出发，月球探测的全新时代由此开启。

2.4.1　新一代月球探测器

1）美国克莱门汀号月球探测器

克莱门汀号于1994年1月25日发射，2月19日进入月球轨道，2月26日开始对月球绘图，5月5日退出月球轨道。原定计划观测近地小行星1620 Geographos，但因飞船出现故障没有实现，于6月结束使命。

克莱门汀号探测器全面采用了新的轻型化技术，可用于执行多种长期深空探测任务，是小型化、低成本探测器的代表作。它携带了6个照相机和1个激光测距系统。照相机包括紫外-可见光照相机、长波红外照相机、高分辨率照相机和近红外照相机。另外，两个恒星跟踪照相机主要用于确定轨道高度。照相机的分辨率是125~250m/像素。克莱门汀飞船的轨道是倾角为90°的极轨轨道，成像范围覆盖整个月面。近月点距离月心2 162km,远月点为4 594km(月球半径为1 738km),轨道周期大约为5小时。在这个轨道周期内,月球在飞船下面大约旋转了8.7°。经过71天的轨道飞行,在可见光和近红外谱段,克莱门汀号探测器对月球的摄像面积约达$3.8×10^7km^2$(近100万幅),此外,还获得了62万张高分辨率照片和32万幅红外热成像照片。它携带的激光测距系统则绘制了月球的形态。这次探测丰富了人类关于月球引力场的知识,加深了对太阳和磁层高能粒子环境的了解。

2) 美国月球勘探者号月球探测器

月球勘探者号发射于1998年1月6日,载有5个探测装置。它除了探测月球的地质结构、气体和矿藏外,主要是确定月球上是否存在水源。月球勘探者号于1月10日抵达月球轨道进行环月飞行,距离月面的高度为100km。3月5日月球勘探者号发回的数据资料显示月球的北极和南极地区存在氢(H)元素,这表明月球两极下面可能存在冰态水,估算总储量多达100亿t。1999年7月31日,美国航空航天局决定让月球勘探者号撞击月球南极一座环形山内侧的山壁,以便利用撞击的高将以游离态存在于月球土壤和岩石中的冰汽化,使其以蒸汽的形式挥发出来,从而确定是否存在水源。但遗憾的是,实施撞击后未观测到有水蒸气出现。因此,月球勘探者号探测月球水源的任务结果令人失望,但月球上究竟有无水源,仅凭这一探测尝试还不能盖棺论定,它仍将是今后月球探测的一个十分诱人和极其重大的目标。

3) 欧洲航天局(ESA)Smart 1号月球探测器

Smart 1号(图2-30)是欧洲航天局的首枚月球探测器,也是其"尖端技术研究小型任务"系列计划中的第一项研究项目。用"Smart"(意即"聪明的")作为探测器名称,主要是因为该探测器执行的任务虽小,但携带的却全部都是当时最尖端的技术设备。

Smart 1号是世界上第一个采用太阳能离子发动机作为主要推

图2-30 欧洲航天局研制的新一代月球探测器Smart 1号

进系统的探测器,该发动机利用探测器自身携带的太阳能帆板产生的带电粒子束作为动力。运用离子推进技术的发动机,从离开地球到最终到达观测轨道,一共只需消耗75kg的惰性气体氙(Xe)燃料,燃料利用的效率比传统化学燃料发动机高10倍。

Smart 1号探测器的起飞质量为370kg,在太空展开后,其外形呈现为长1 570cm、宽115cm、高104cm的立方体。太阳能帆板的翼展为14m,提供的电力为1.9kW,整个造价约为1.08亿美元。其有效载荷的总重量虽然仅为19kg,却包括用于完成10多项技术试验和科学研究的仪器设备。

2003年9月27日,在法属圭亚那的库鲁(Kourou)航天中心,ESA利用"阿丽亚娜"5G型火箭将Smart 1号探测器送入太空。2004年11月15日该探测器进入月球上空的近月轨道。经过精确的姿态调整后,Smart 1号进入到距离月球表面470~2 900km的最终轨道,并在这一轨道上进行了大量科学试验。科学家们通过探测器上携带的X射线光谱仪等设备,详细绘制了月球表面地形地貌图和矿物分布图,并通过研究其表面岩石的化学成分,探究小行星45亿年前撞击地球产生月球的过程。Smart 1号的另外一项任务也是对月球是否存在水资源进行探测,其中对月球表面最有可能存在水的两极冻土区域进行了重点探测。

Smart 1号探测器出色地完成了自己的探月使命后,ESA决定将其剩余燃料用于完成最后的撞击任务。格林威治时间2006年9月3日5时42分22秒,Smart 1号准时成功撞击月球(图2－31)。撞击激起了大量的月球尘埃,科学家则通过分析尘埃成分

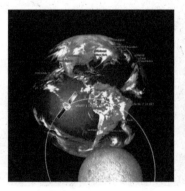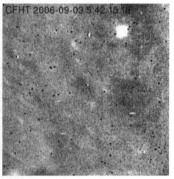

图2－31　Smart 1号于2006年9月3日准时成功撞击月球
注:右图为撞击瞬间出现的闪光。

为解释月球起源寻找新的证据。

4）日本月亮女神号月球探测器

2007年9月14日上午北京时间9点31分，搭载月亮女神号探测器的日本H-2A火箭在距东京南部1 000km左右的太平洋小岛——种子岛上发射升空。2007年10月5号，日本宇宙航空研究开发机构（JAXA）发表新闻公报宣布，月亮女神号探测器已按计划进入绕月轨道。与原定计划相比，此次发射迟到了4年左右。

日本月亮女神月球计划耗资550亿日元（约合4.84亿美元）。月亮女神号探测器重达3t，也被称为SELENE号探测器。（SELENE是Selenological and Engineering Explorer的缩写，意为月球探测工程。而SELENE一词又恰巧是希腊神话中月亮女神的名字，故译为月亮女神）。日本科学家称，月亮女神计划是继几十年前美国阿波罗号登月计划之后世界上技术最为先进、任务最为复杂的月球探测行动。

月亮女神号探测器（图2-32）包括一颗主卫星和两颗"婴儿"卫星，共装有14个观测设备。月亮女神号携带有一架高清电视摄像机，用于拍摄地球在月球地平线上升起的全过程，胶片之后被送回地球。月亮女神号绕月球轨道运行1年左右，直到燃料全部用尽。

月亮女神号探测器有三大科研目标：研究月球的起源和演变、获得月球表面环

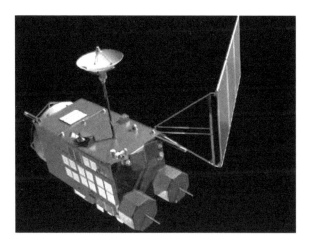

图2-32　日本月亮女神号月球探测器

境信息以及在月球轨道上进行电波学研究。月亮女神号通过十几种精密的科学仪器，收集了有关全月化学元素分布、矿物分布、地形地表结构、引力场和月球环境的相关数据，比以往各国的历次探月任务分析更加全面和深入。月亮女神号收集到的所有数据为我们研究月球起源和演化提供了新的科学依据。

探测篇

2.4.2　新世纪的探月计划

如前所述,进入新世纪以来,国际社会又一次掀起了探月高潮。一些国家竞相提出各自的探月计划,不仅有强烈的政治动机,更有深层的经济和军事考虑,在科学目标方面也有着更高的追求,如建立永久性月球基地,开发和利用月球丰富的矿产资源、特殊的能源和环境,乃至将月球作为向更远的太空进军的跳板和航天港湾等。其结果不仅使探月活动成为展示一个国家政治、军事和科技实力的窗口,也使之成为拉动社会可持续发展的一种新兴的朝阳产业龙头。

1）美国:重整旗鼓

美国拥有雄厚的科技和经济实力,具备丰富的月球探测经验。在新一轮月球探测的大潮中,美国自然不甘落后。各种消息表明,美国正在重整旗鼓,一步步推进其重返月球的新探测计划,而且,在其他国家还停留在"探月"和"登月"的阶段时,美国已经开始谋划建立月球村(图2-33),向"驻月"进发。

2004年1月,时任美国总统小布什发表讲话,提议最早2015年,最晚不超过2020年让美国航天员重返月球,并开始在月球建立科研基地,为下一步将人类送上火星甚至更远的星球做准备。小布什不忘提及月球上的丰富资源,如月壤含有各种化学元素,可以被用于制造飞船燃料和维持人类的地外生存。

2006年12月,NASA公布了"全球探索战略"和"月球基地计划"的初步构想。定于2014年开始实施的"月球探索战略"列举了月球探索的各种理由,其中包括需要维持人类在月球的生存。该战略同时为探索火

图2-33　美国"星座"计划重返月球的示意图

星和其他星球做了大量准备工作。

在2007年3月发布的探索战略框架计划书中，NASA指出，月球不仅是离我们最近的"天然空间站"，还是人类探索火星以及更远宇宙的理想前哨。在月球表面的极端环境下，运输工具、维持生命所需的居住系统和高级机器人技术都能得到实践检验，这将为日后人类登陆更遥远天体提供丰富的经验。NASA计划公布，如果所有的前期准备工作就绪，2020年就应开始月球基地的建造工作。

另外，NASA 2007年9月20日公布了新的有关建立月球基地的具体计划。该计划包括研制活动范围约为960km的小型增压月球车。新月球车不会比阿波罗号航天员所驾驶的月球车大太多，但新月球车会进行增压处理。此外，在进行徒步勘探时，航天员会身着太空服离开月球车。

2010年以后，美国在深空探测领域的最大一次战略调整就是取消了原定的重返月球任务。由时任美国总统小布什宣布的雄心勃勃的重返月球计划，在2013年被新上任的总统奥巴马否定。2013年4月4日，NASA时任局长博尔登表示，美国将不再追求重返月球的目标，从而确保将全部精力集中于将航天员送往小行星和火星这两项难度更大、距离更远的载人深空探测任务中去，载人登月的计划将留给私人航天公司完成。

美国在这一战略调整中最值得注意的改变有两点：一是提出了航天产业化概念，以充分调动全社会力量推进航天事业的发展；二是强调提升重型火箭的可重复使用功能。这两点结合，使包括太空旅行在内的太空活动逐步走向商业化和平民化，从而使深空探测获得了更为强大的可持续增长动力。

在这一调整过程中，美国私营企业——太空探索技术公司（SpaceX）异军突起，从一家几年前还默默无闻的小公司摇身一变，成为新一代航天活动的弄潮儿。SpaceX是一家于2002年6月成立的美国太空私人运输公司。到目前为止，它最重要的技术创新是开发了可部分重复使用的猎鹰1号和猎鹰9号运载火箭。2012年10月，SpaceX"龙"飞船将货物送到国际空间站，开启了私营航天的新时代。2016年4月，SpaceX公司在大西洋上成功回收猎鹰9号一级火箭，这也是人类历史上首次在海上成功实现火箭回收。

SpaceX公司自2016年9月以来更是动作频频。首席执行官埃隆·马斯克于2016

探测篇

年9月27日在国际宇航大会上宣布,SpaceX公司计划开发新型"行星间运输系统",可能在21世纪20年代中期执行载人登陆火星任务。马斯克在国际宇航大会上发表演说《让人类成为多星球物种》(*Making Humans a Multiplanetary Species*),披露了要在火星建立人类殖民地的宏图大计,引起世界轰动。他提出要建造1 000艘太空船,每艘载100~200人,计划在本世纪内把100万人送上火星。对此,NASA时任局长博尔登表示:"如果人类想要一直繁衍生息下去,就必须成为能够在多个星球生存的物种。我们之所以需要登陆火星,是因为在那里我们能够掌握一些在地外星球生存的经验。火星是我们迈向太阳系其他星球或太阳系外的其他星系的跳板"。美国在世界航天领域的领先地位,也由此得以继续保持。

最新消息:就在各方都认为美国对重返月球已经了无兴趣之后,美国政府又主导编制出了堪比好莱坞的剧情:时任美国总统特朗普于2019年初宣称美国仍然要登月,接着不久又宣布不去了,然后剧情再次反转,特朗普和时任美国副总统彭斯又正式宣布美国决定重返月球。2019年3月26日,彭斯在确认美国新的太空计划时提到,美国仍然要先重返月球,然后再向火星进发。这一雄心勃勃的太空计划的核心在于:计划5年之内就要让航天员重新登陆月球,以确保美国成为21世纪第一个载人登月的国家。这样一来,新计划一下将重返月球的原定期限缩短了4年。对此,彭斯毫不掩饰对赢下"太空竞赛"的渴望,他说:"我们今天在进行一场太空竞赛,就像我们在20世纪60年代一样"。

2)俄罗斯:欲振雄风

进入21世纪后,石油、天然气等资源给俄罗斯带来了丰厚的回报,俄罗斯再次将目光投向月球,拟重新开启探月旅程,向月球发起新的"冲锋",试图重振昔日的航天强国雄风。

按照俄罗斯《2006—2015年宇航计划》,俄罗斯第一阶段的月球探索任务应在2012年开始实施,2011—2012年,俄罗斯将进行首次载人探月飞行。同时,该计划不仅要实现俄罗斯载人登月的梦想,还要在月球建立永久基地。但这一计划受制于内外交困的现实,被大打折扣,几近夭折。俄罗斯还拟在2025年之前将航天员送上月球,并在2027—2032年间建立常驻月球考察基地。但俄罗斯能否如期实施这些计划,还需拭目以待。

俄罗斯方面不止一次地透露,其探月的一个重要目的是为了工业化开采月球上的有用矿产资源,包括氦－3(^{3}He)*。在月球开采^{3}He将成为未来一个阶段俄罗斯太空勘探项目的重要目标。

2007年时,俄罗斯曾计划在2012年进行新世纪以来的首次探月发射,将一个名为"渗透者"的探测器送上月球,以获得关于月球地质的第一手资料,然后在2015—2016年间将至少一辆全新概念的月球车送上月球,其目的就是要开发和利用月球上的矿物资源。渗透者探测器又可分为高速探测器、低速探测器和极地站3种型号。高速探测器和低速探测器上还携带有月震监测仪、质量光谱仪和中子光谱仪等各种先进的探测仪器,可用于监测月球的内部活动和寻找水的痕迹。

俄罗斯曾计划从2016年起,推进4个新的月球探测任务。

(1)2016年,发射"月球－26号"(月球－土壤轨道器):将运行于月球极地轨道上空100km。它的主要任务是绘制全月地图,测量月球周围空间大气和等离子体成分,为今后月球探测寻找理想的着陆地点,并验证长期轨道运行以及全月制图技术。

(2)2017年,发射"月球－27号"(月球资源－1号):将在月球南极地区实现软着陆。主要任务是对这里的风化层和大气成分进行分析,考察当地近地表以下的挥发分成分,测试月表低温钻探取样技术方案。

(3)2019年,发射"月球－28号"(月球资源－2号):这是一项尚需确认的项目,其是否真正实施还要取决于"月球－27号"月表低温钻探取样技术是否验证成功,并能否将样品成功送返地球。这一项目的实施将帮助检验月球取样返回系统的功能以及地月往返飞行技术。

(4)2020年,发射"月球－29号"(月球资源－3号):这是另外一项"待定"的项目。如果确定实施,这艘飞船将会携带一辆大型的,可在月面长期运行的月球车。一旦安全抵达月面,这辆月球车预计将可以行驶超过30km,并对沿途进行考察。

由于俄罗斯目前国内经济衰退,在国际上又面临着西方对抗的严峻局势,因此这

*氦－3(^{3}He)是惰性气体元素氦的一种同位素,它是一种能够通过核聚变产生巨大能量的潜在的新型核能。由于核聚变不产生核放射性污染,因此^{3}He也是一种高效的清洁能源。有一种未经严格核实的估算称,按当前的能源需求水平,全球一年的^{3}He需求量仅为100t。而月球上^{3}He的总储量有可能有100万~500万t,足够人类以现有水平用上1万~5万年。

些计划多数落空,俄罗斯要实现重振航天强国的愿望,仍需继续努力。

3)欧洲:韬光养晦

"全世界即将掀起新一轮的探月热潮,这一次,欧洲航天局要走在前面。"2006年9月,欧洲首个月球探测器Smart 1号成功撞击月球后,欧洲航天局官员如此表示,可谓满怀雄心壮志。

欧洲探月行动没有美国、俄罗斯那种咄咄逼人的架势,然而他们素来都奉行韬光养晦、注重实效的作风。从ESA成立到探月计划的实施,欧洲从未表现出"赤裸裸"抢夺月球和未来太空战争战略制高点的意图,而是着重强调"科研价值、资源开发和实践人类梦想",一派"深挖洞,广积粮"的姿态。

2007年4月,ESA在向特定的科学家们征求下一代科技探索计划时,所收到的70多份提议中有30余项均为探月项目。据悉,ESA将在2020年前分4个阶段进行月球探测,包括计划在2008年前再发射一个月球探测器,随后在2009年或2010年实现月球表面着陆,在2020年实现载人登月,同时完成月球基地建设。

2016年3月,ESA负责人约翰·迪特里希·韦尔纳公布了在20年左右时间内建设一个国际月球村的想法。根据计划,世界各航天大国将共同参与,在月球上建设一个集科考、商业和旅游为一体的永久性基地,取名为月球村。中国也受邀共建月球村。韦尔纳认为,如果一切顺利的话,这个计划会在21世纪30年代完成。

欧洲版月球基地也就是月球村的想象图,其外形有点儿类似"天线宝宝"的家(图2-34)。设计者Jan Wörner教授称这样设计的原因在于月球表面环境极度恶劣(是一种强辐射、弱磁场、高真空、低重力的寂静

图2-34 欧洲航天局设计的月球村模型

空间),龟背形的外形能够抵御宇宙射线和减轻小天体撞击的伤害,而且因陋就简,就地取材,采用3D打印的方法建造,成本也能够得到有效控制。这个欧版基地可能从2024年起开始建造,ESA认为这一国际合作的月球基地将取代现有的国际空间站的作用,并引发新一轮的技术创新。设计者希望在正式建成后,还能在现有的基础上更进一步,将其扩展成月球^{3}He开发基地,为今后开采月球上的^{3}He资源,向未来的核聚变发电站提供燃料做好前期工程准备。

4)日本:雄心勃勃

日本是世界上第3个发射月球探测器的国家。1990年1月,日本打破了美俄两强垄断,成功发射了"飞天号"月球探测器。该探测器重182kg,用于地-月轨道环境探测。1993年,飞天号撞上月球,结束工作。

早在1996年,日本就提出了建造永久月球基地的计划,预计投资260多亿美元,在之后的30年之内建成月球基地。尽管后来日本的"月球-A"计划由于技术原因不得不终止,但日本加紧开展月球探测的脚步一刻也没停止过。2007年9月14日,日本终于成功将月亮女神号探测器送上太空,开始了其新的探月征程。

实施月亮女神计划其实只是日本雄心勃勃探月计划的第一步。按照JAXA"月亮女神2"计划,月亮女神2号定于2015年前发射。它主要由以下几部分组成:约2m高的着陆器、装有机械臂的探测车和围绕月球运行的中继卫星。着陆器在月球表面着陆后,探测车可以在月球表面移动,进行钻探和研究月球表面岩石等工作。另外,月亮女神3、4号也将于2017年后陆续发射。这些探月计划可能包括月球车、月球望远镜研制以及在月球表面建立科学设备网络等内容,日本月球天文台也有望于2010—2020年建立。

JAXA还制订了一个月球研究开发的远景计划,即在月球上建立"太空港湾"。为了实现这一目标,日本打算进行更多的探月计划和可能的月球资源利用计划,准备在适当时机向月球发射机器人进行探测,并伺机在月球上建立以太阳能为能源的人类研究基地。

5)印度:不甘示弱

在世界上其他国家的探月计划有条不紊展开的同时,印度也不甘示弱。印度太空探索机构于2001年出台了第一份探月计划报告,2003年,印度政府批准了这份报告。2008年10月22日印度的探测器"月船(Chandrayan)"1号成功发射升空。印度计

划用2年时间开展系列月球探测。

月船1号探测器的主要任务是制作高清晰的月球地图,并对月球两极是否存在水进行初步探索。此外,该探月器还将搜集月球表面矿物质和化学物质的有关数据。

参与印度探月计划的科学家纳伦德拉·巴罕达里说:"对印度太空研究机构来说,月球只是一块垫脚石,我们的下一站是进行行星研究。"印度原计划在2015年前发射载人航天飞船,还希望能在2020年前实现登月。印度太空研究机构负责人奈尔博士表示:"这两项计划将完全由印度自主完成,印度将倾全国之力,调集国内最好的实验室和研发机构参与这些计划。"现在看来,印度的雄心值得称赞,但计划却有操之过急之嫌。

在月船1号顺利发射成功后,印度雄心勃勃,再次研制了月船2号,并在因技术原因两度推迟后,于2019年7月22日发射成功。和月船1号的那次一头撞上去的"硬着陆"不同的是,月船2号计划在经过58天的太空行程后,在2019年9月17日前后以软着陆的方式降落月球。如果成功,印度就将成为世界上第四个能够以软着陆方式探测月球的国家了。

总重达到3 850kg,包括轨道器、着陆器和月球车3个模块,计划实施月面软着陆和巡视探测的月船2号,经过十分复杂的变轨飞行、轨道器分离等动作后,9月7日着陆器再经两次变轨,逐步向月面靠近。然而不幸在最后时刻发生:在距月面仅2.1km高度时,着陆器突然与地面失去联系。9月8日上午,印度空间研究组织(IRSO)宣布任务失败。

6)中国:"嫦娥"奔月

A. 嫦娥工程

新世纪伊始,中国即制定了独立的月球探测计划——嫦娥工程,初始计划分为三期,简称"绕、落、回"三步走(图2-35)。我们在本书前面已经对成功发射并实现预期目标的嫦娥1号至4号进行了简介,这里再补充说明。

图2-36是中国月球探测工程标识。它以中国书法的笔触,抽象地勾勒出一轮新月,一双脚印踏在其上,象征着月球探测的终极梦想,圆弧的起笔处自然形成龙头,象征中国航天如巨龙腾空而起,落笔的飞白由一群和平鸽构成,表达了中国和平利用空间的美好愿望。整体图形由一弧两点巧妙形成古文"月"字,写意的笔触旨在传达一种探索的信念。

中国探月
CLEP

图2－35　嫦娥工程规划示意图　　　　图2－36　中国月
　　　　　　　　　　　　　　　　　　　　球探测工程标识

　　2004年年初,中国启动了嫦娥工程第一期"绕"的工程,即嫦娥1号绕月工程。2007年10月发射的嫦娥1号绕月卫星,其探测任务是测量全月面的三维地形、地貌和地质构造,目的是获取全月面三维影像,高精度立体"地图"将使我们对月球有更深入的了解;探测月球上有可能对人类有用的能源,掌握资源的分布特征和分布规律(美国曾对月球上的5种资源进行探测,我们探测14种);探测月壤厚度及分布,估算^{3}He及其他气体的资源量;监测地－月空间环境。嫦娥1号的成功不仅实现了中华民族数千年来的夙愿,而且为后续工程的顺利实施夯实了基础。此后任务依次有条不紊地向前推进,虽然遭遇了各种预料之外的困难挫折,但每一次探测仍都超额完成了预定任务。2020年12月17日,嫦娥5号采样返回地球,嫦娥工程的原定目标全部圆满实现。但中国探月的步伐却不会停下,嫦娥6号、7号、8号也已提上议事日程,在"绕、落、回"之后,"登月""驻月"的好戏也将接踵登场,新的、更大的惊喜仍将层出不穷,让我们目不暇接,喜不自禁,乐不可支。

 **嫦娥1号如何飞往月球?**

　　如图2－37所示,我国采取了多级推进的方式将嫦娥1号送入月球轨道,其飞往月球的过程包括围绕地球运行、从地球奔向月球飞行和围绕月球运行3个阶段,进入使命轨道前需要进行9~10次的变轨。

　　嫦娥1号于2007年10月24日由长征3号甲运载火箭从西昌卫星发射中心发射升

探测篇

空,被送入地球轨道,环绕地球运行5~7圈,其间经过数次在轨发动机点火加速,逐渐抬高轨道高度,并调整姿态,然后离开地球进入奔月轨道飞往月球,中途再进行2~3次修正,以确保准确进入预定月球轨道。同年11月7日到达近月点附近后,依靠控制火箭的反向助推减速,被月球引力"停获"而成为环月球卫星。再经过3次减速机动和轨道调整之后,最终在离月球表面

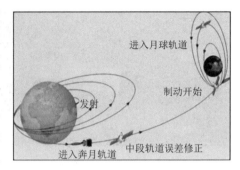

图2-37 嫦娥1号发射步骤示意图

200km高度的极月圆轨道上绕月球飞行,并开展各项探测活动。嫦娥1号最终距离地球约38.44万km。而过去,中国发射的卫星距离地面一般都在3.58万km左右,二者几乎相差了10倍,即使和飞得最高的中国人造卫星(距离地球约8万km)相比,飞行距离也提高了4.5倍以上。

嫦娥1号的任务是环月探测,在完成既定目标后,它不再返回地球,而是主动撞上了月球,为获取更多月球信息做出了最后贡献。

B. 嫦娥1号绕月工程各系统及其主要任务

（a）月球探测卫星系统——嫦娥1号月球探测卫星

嫦娥1号卫星的外形(图2-38)与东方红3号卫星相似,为一个2.22m×1.72m×2.2m的六面立方体,和神舟6号飞船的重量、体积相比,嫦娥1号要小一号。卫星两侧各装有一个大型展开式太阳电池翼,当两侧太阳翼完全展开后,最大跨度可以达到18m,起飞重量为2 350kg,设计寿命为一年。

嫦娥1号卫星带有8种探测仪器,包括我国自行研制的CCD立体相机、γ/X射线谱仪、微波探测仪等,这些设备在中国都属首次使用,其中有的甚至是世界首创。部

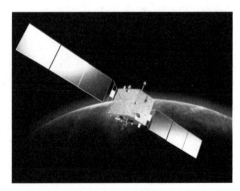

图2-38 嫦娥1号绕月卫星

分设备至关重要,万一失效会影响整个探测任务的完成,因此这些设备一般都设置了备份,当主设备失效后,可以启动备份继续工作。嫦娥1号的科学目标是获取整个月球表面的立体影像,与一般的详细观测不同,它的分辨率是120m左右,但是每一轨的覆盖宽度相对较宽,达到60km左右(图2-39)。

图2-39 嫦娥1号探测轨道示意图

嫦娥1号卫星携带各种科学仪器飞到月球附近并在环绕月球的极轨运行,这样它就可以为科学探测仪器提供必要的姿态保证、安装位置、视野、能源、温度环境、数据管理等条件,并把获得的探测数据传送回地球。在人类已发射的无人月球探测器中,有从月球近旁飞过的掠月探测器、月面硬着陆探测器、绕月飞行探测器(即月球探测卫星,也称月球轨道器或月球卫星)、月面软着陆探测器、月面巡视探测器、月面采样返回探测器等。嫦娥1号属于绕月飞行探测器。

(b)运载火箭系统——长征3号甲运载火箭

长征3号甲运载火箭是把嫦娥1号送离地球表面,并达到一定的轨道高度和一定速度的运载工具,它为嫦娥1号提供接近第二宇宙速度*的飞行速度。

---

*第一宇宙速度:在地面上向远处发射炮弹,炮弹速度越高飞行距离越远,当炮弹的速度达到7.9km/s时,炮弹不再落回地面(不考虑大气作用),而环绕地球作圆周飞行,这就是第一宇宙速度。第一宇宙速度也是人造卫星在地面附近绕地球做"匀速圆周运动"所必须具有的速度。但是随着高度的增加,地球引力下降,环绕地球飞行所需要的飞行速度也降低,所有航天器都是在距地面很高的大气层外飞行,所以它们的飞行速度都比第一宇宙速度低。

第二宇宙速度:当物体(航天器)飞行速度达到11.2km/s时,就可以摆脱地球引力的束缚,飞离地球进入环绕太阳运行的轨道,不再绕地球运行。这个脱离地球引力的最小速度就是第二宇宙速度,也称逃逸速度。由于月球还未超出地球引力的范围,故从地面发射探月航天器,其初始速度不小于10.848km/s即可。

第三宇宙速度:从地球起飞的航天器飞行速度达到16.7km/s时,就可以摆脱太阳引力的束缚,脱离太阳系进入更广袤的宇宙空间。这个从地球起飞脱离太阳系的最低飞行速度就是第三宇宙速度。

探测篇

(c) 测控系统

测控系统是嫦娥1号月球探测卫星和地球之间的信息桥梁(图2-40)，负责完成对运载火箭及月球探测卫星的跟踪、遥测、遥控和数据传输等任务。通过这个系统，我们可以了解月球探测卫星的飞行轨道、飞行状态，检测探测器的"健康"情况，对它发出各种控制指令以完成预定的操作任务。

(d) 发射场系统——西昌卫星发射中心

西昌卫星发射中心是完成月球探测卫星及运载火箭对接、测试和发射的场所。

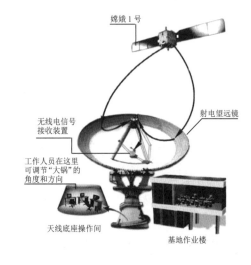

图2-40　接收嫦娥1号探测信息示意图

(e) 地面应用系统

地面应用系统是对嫦娥1号探测到的信息进行实际应用和研究的系统。它负责月球探测卫星任务的规划及探测数据的接收、解译、科学研究等。只有通过地面应用系统的研究，才能真正把探测数据转化为科学发现，推动空间科学的发展。

C. 嫦娥2号的任务

嫦娥1号发射成功并顺利完成观测任务之后，以"自由落体"的方式撞击月球，永远留在了月球上。紧接着，中国又迅速发射了两颗后继月球探测器：嫦娥2号和3号。它们的主要任务分别如下。

2010年10月1日发射的嫦娥2号主要任务是获得更清晰详细的月球表面影像数据和月球极区表面数据，为此嫦娥2号卫星上搭载的CCD照相机的分辨率更高，其他探测设备也有所改进。同时，嫦娥2号也要为嫦娥3号实现月球软着陆进行关键技术试验，并对嫦娥3号着陆区进行高精度成像。

嫦娥2号在完成了对月球的观测任务后，又经过77天的飞行，在世界上首次实现从月球轨道出发，受控准确进入距离地球约150万km远的太阳与地球引力平衡点——拉格朗日L2点的环绕轨道(图2-41)。此后,它在此轨道上飞行了235天,获得了大量太阳系观测数据,最后于2012年4月15日在地面指挥系统的控制下,继续飞向距离地球大约1 000万km的太阳系空间(这一距离相当于地-月最大距离的25倍以上),择机开展对4179号小行星的飞越与交会试验,为未来的小天体探测积累经验。目前嫦娥2号继续向更远的深空飞去,离开地球的距离已经超过6 000万km了。

在嫦娥工程的原定计划中,"绕、落、回"三期规划拟各以一枚探测器为主来完成既定任务,而以一颗备份星作为应对意外事件的补救方案。令人振奋的是,备份星反而比主星更加出彩:嫦娥2号在顺利完成绕月任务后,一直向太空深处远远地飞去,沿途还时有新的发现;嫦娥4号更是打破了月球背面无法抵达的传统,首次闯入了潜藏着种种风险和奥秘的探测禁地。

同样我们还可以期待作为嫦娥5号备份星的嫦娥6号会有更多的惊人之举。目前"绕、落、回"的任务圆满谢幕了。但有消息称嫦娥7号乃至嫦娥8号也都已经走过了议事日程,即将重装登场。那就让我们拭目以待,静候好消息吧。

图2-41 嫦娥2号探测轨道示意图

拉格朗日点是指两个天体组成的引力系统周围空间中的引力平衡点,位于该点的物体将相对于两个天体静止。在日地引力系统中,位于日地连线之间的L1点更靠近地球,距离地球大约150万km,距离太阳14 850万km;日地连线上的L2点和L3点均位于地球绕日运动轨道的外侧大约150万km处;日地侧的L4和L5点则分别与太阳和地球组成等边三角形。在5个拉格朗日点(图2-42)中,只有L4和L5才是稳定的,其他3个点都不是稳定点。在L2点,物体受太阳和地球的引力方向相同,因此其所受日、地两者的合力在所有的5个拉格朗日点中最大,导致L2点虽然比地球更远离太阳,但是位于此点的物体绕太阳运行的周期与地球绕太阳运行的周期相同。L2点的实际应用价值是:这里保持背向太阳和地球的方位,易于保护和校准,故而最适合放置空间天文台等各种天文观测设备和仪器。例如,威尔金森微波各向异性探测器和韦伯太空望远镜等都被定位在L2点并取得了众多重要的观测成果。

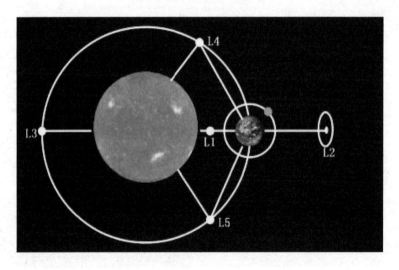

图2-42 日-地之间的5个拉格朗日点示意图

小行星：太阳系形成初期遗留下来的"化石"，对于研究太阳系形成早期的物理化学组成、分布和演化具有重要意义。近地小行星近年来受到越来越多的关注，不仅因为它们的轨道和地球轨道接近，从而可能碰撞地球，是潜在的威胁天体，而且因为它们的近地轨道从动力学上说是不稳定轨道，从而代表了太阳系小天体的动力学演化的一个短暂却极为重要的阶段。

4179号小行星呈长椭圆状，主体由两大块组成，因此有人称之为"小土豆"，也有人称之为"花生"。它的轨道远日点接近木星轨道，近日点位于地球轨道附近。由于轨道周期共振，4179号小行星每隔4年接近地球一次。2012年12月12日，这颗小行星和地球"紧密"接触，距离地球仅约0.046天文单位，也就是700万km。假设其真的不幸碰到了地球，那么撞击引起的爆炸威力将相当于1万亿t炸药爆炸（美国在"二战"时期投向日本广岛的原子弹相当于2万t炸药，如果4179号小行星撞击地球，其能量是广岛的原子弹的5000万倍），地球将极有可能遭受灭顶之灾。

D. 嫦娥3号的任务

2013年12月3日，嫦娥3号成功发射。和嫦娥2号相比，嫦娥3号的研制和任务中有更多创新点：①首次开展我国航天器在地外天体软着陆的尝试；②首次开展我国对月面探测器的遥操作；③首次采用三向测量技术，开展着陆器和巡视器两器间月面通信；④首次在月面开展多种科学探测；⑤首次在我国航天器上采用同位素热源和两相流体回路技术，以满足探测器在月夜极端温度环境下的生存需要。

此外，嫦娥3号还研制了一系列特种实验设施，形成了一系列先进实验方法，实现了向月球以远的深空对地外天体进行巡视探测的目标，这些都为今后我国开展更多、更远和更难的深空探测活动奠定了坚实的基础。

E. 嫦娥4号重装登场

和嫦娥2号作为嫦娥1号的备份星类似，嫦娥4号本来也是作为嫦娥3号的备份星而研制的，嫦娥3号完成了前述"小三步"中的第二步"落"的既定任务。嫦娥4号在经过重新论证后于2016年内成功发射，承担了新的更加艰巨的任务：作为人类第一个在月球背面实施降落的探测器。具体过程分为两个步骤：由于地球到月球背面无法直接进行通信联系，因此在计划的基础上，于2018年5月21日先发射一颗取名为

探测篇

"鹊桥"的中继卫星到地月拉格朗日L2点的轨道上,进行中继通信,这也是人类第一次开展人造航天器在地月L2点的对地、对月中继通信。此后再于2018年12月8成功进行了嫦娥4号的发射,对月球背面(靠近南极的艾特肯盆地)开展着陆巡视探测。

嫦娥4号的基本架构继承了嫦娥3号的着陆器和月球车,但科学载荷有了很大的变化。按照2017年全球航天探索大会中国专场全体会议上中国航天局宣布的那样,嫦娥4号搭载了荷兰低射频电探测仪、德国月表中子与辐射剂量探测仪、瑞典中性原子探测仪和沙特阿拉伯的月球小型光学成像探测仪等4台国际合作科学载荷。

嫦娥4号选用长征3号乙运载火箭发射。在科学技术方面,二期工程通过嫦娥3号和嫦娥4号实现了4个第一:①研制并发射我国第一个地外天体着陆探测器和巡视探测器;②第一次利用长征3号乙运载火箭发射地月转移轨道航天器;③第一次建立和使用深空测控网进行测控通信;④第一次实现月球软着陆、月面巡视、月夜生存等重大突破,开展月表地形地貌与地质构造、矿物组成和化学成分、月球内部结构、地月空间与月表环境等探测活动,从而建成基本配套的月球探测工程系统。

嫦娥4号还肩负着三大科学研究任务:①对月球背面的环境进行研究;②对月球背面的表面和浅层进行研究;③在月球背面和中继星上分别装上低频射电探测仪,利用电磁波宁静区条件,进行低频射电探测,这样的频段选择同样也是世界首次(图2-43)。

特别需要强调的是,尽管有嫦娥1号到3号探月飞行的成功经验,嫦娥4号要成功登陆月球背面,仍然有很大风险。因为太空船在飞临月球背面时,和地球之间的无线电通信会暂时中断,必须等到飞出这一段轨道之后才能恢复通信。美国在执行阿波罗任务时,服务舱的主引擎必须在月球背面的时候重新点火,在太空船重新出现在月球正面一侧之前,地面控制中心都会为此而非常紧张。

嫦娥4号是无人探测器,风险虽然比载人登月小,但是如何实时给飞临月球背面的飞行器发出指令,遥控它准确着陆在预定位置,并且顺利接收传回的图像数据,仍然是一个不小的技术挑战。

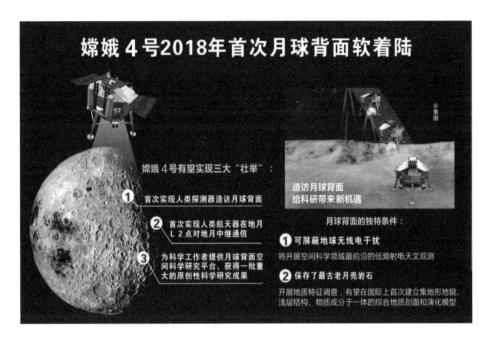

图2-43 月球背面的两大特色和嫦娥4号的三大"壮举"

　　国际权威学术期刊《自然》预测2018年全球科技大事件,嫦娥4号执行的月球背面探测任务"榜上有名"。这不仅是因为嫦娥4号将是人类探测器首次着陆月球背面,也是因为在配合嫦娥4号探测任务的中继星"鹊桥"上搭载了两颗小卫星,首次在月球背面进行射电干涉试验,探测宇宙早期的"黑暗时代"。

　　科学家提出,宇宙在大爆炸之后的一段时间是黑暗的,因为当时的宇宙中只有中性的氢,发光的第一代恒星还没有形成,这段从宇宙大爆炸后的几十万年到几亿年的时间被称为宇宙的"黑暗时代"。这段时间对于宇宙的演化非常重要。当时中性氢如何分布于空间,如何演化,如何为第一代恒星的形成奠定基础这些问题都是宇宙的形

探测篇

95

成和演化研究中极具挑战的前沿问题。而要想测得这个时期的"蛛丝马迹"，最好的办法就是到月球背面，在非常"安静"的电磁宁静区环境中去"倾听"宇宙的早期"声音"。如果这两颗实验小卫星可以成功测得来自宇宙深处的微弱信号，并获得干涉效果，紧接着下一步还将有新的探测方案，即向月球轨道上发射一个由小卫星组成的编队，对宇宙"黑暗时代"进行系统的成像探测，而这项探索无疑也将达到世界领先水平。

由于受到地球电离层的干扰，在地球上难以开展频率低于10MHz的射电天文观测，在地球轨道甚至月球正面开展的空间射电天文观测同样也受到地球电离层反射和人工无线电的干扰。月球背面屏蔽了人类活动产生的无线电干扰以及闪电、极光带来的无线电发射，因此被认为是开展低频射电天文观测的绝佳地点。利用月球背面独特的无线电环境，开展低频射电天文观测，将填补100kHz~10MHz频段的空白，有望在太阳风激波、日冕物质抛射和高能电子束的产生机理等方面取得原创性的成果，为未来对宇宙"黑暗时代"和"黎明时期"的探索打下基础。

此外，月球背面还保存了最古老的月壳岩石，对其开展形貌、物质组成、月壤和月表浅层结构的现场综合探测，有望获得月球最古老月壳的物质组成、斜长岩高地的月壤厚度等重要成果，取得对月球早期演化历史的新认识。

因此，利用月球背面这一极为特殊的位置资源，开展近距离现场探测，具有显著的工程意义和科学价值。但对于实施月球背面探测任务来说，由于探测器无法直接同地球通信，所以就必须采用卫星中继的方式实现探测器与地面之间的通信。

进入21世纪以来，各航天大国都将月球背面软着陆探测提上了日程。NASA提出了采用Orion多功能乘员舱在地月拉格朗日L2点以遥操作方式，控制着陆器/巡视器进行月球背面探测的任务方案。ESA提出了包括一个着陆器和一颗中继卫星的FARSIDE月球背面任务设想。而我国在2013年嫦娥3号任务取得成功以后，将原本作为嫦娥3号备份的嫦娥4号赋予了新的使命，论证确定了嫦娥4号着陆月球背面并开展巡视勘察这一任务目标和相应的技术方案，首先实现了人类月球背面软着陆探测，为人类揭开月球背面的奥秘做出了新的重要贡献。

F. 嫦娥5号实现再入返回

嫦娥5号探测器是我国首个实施无人月面取样返回的航天器(图2-44),它最主要的任务一言以蔽之,就是取样返回。按计划,嫦娥5号于2020年11月24日由长征5号运载火箭在中国文昌卫星发射中心发射升空,自动完成月面样品采集,并重新从月球起飞,返回地球,带回1.731kg月球表面物质样品。

a   b

图2-44　嫦娥5号探测器(a)的机构组成(b)

嫦娥5号探测器由轨道器、返回器、着陆器、上升器4个部分组成,其中上升器是其他型号探测器所没有的新设备。增加上升器的目的就是为了从月球上再次起飞返航,将所采集的月球样品带回地球。因此它也成为了嫦娥5号任务中最关键的创新之一。

与嫦娥1号、2号、3号和4号相比,嫦娥5号执行的任务更多,更艰巨,结构也就更复杂。嫦娥1号是单体结构,嫦娥3号由着陆器和巡视器组成。嫦娥5号更进一步划

探测篇

分为3部分,即服务舱、返回舱和着陆器,此外还带有不在月球着陆而停留在环月轨道上的轨道器,以及用于执行返回任务,把返回舱送入环月轨道的上升器。发射后的嫦娥5号突破了一系列此前未有的关键技术,在实现月球软着陆的基础上,携带1.731kg月壤回到地球,圆满完成了嫦娥工程的第三步目标:(取样返)回。

有取有"舍"的任务——月面1秒钟,地球8年功

众所周知,嫦娥5号飞行任务的核心部分是取样返回,但她不仅仅只"索取",还"礼尚往来",留下一份"回馈"且带给我们另一个惊喜:将一面特制的中国国旗——五星红旗——首次在月球表面挺拔展开(图2-45)。这一时刻令中国人民无比骄傲,令国际社会由衷赞叹,其个中原因,就在于这面五星红旗是中国科学家经过整整8年时间的艰苦攻关,从30多种材料中遴选出合适的材料后才研制成功的。国旗采用的是一种特殊的复合型材料,可以经受月球表面超过300℃温差变化的摧残(月球白天的温度可达127℃,黑夜时最低温度可达-272℃)不褪色、不

a

b

图2-45 五星红旗屹立在月球表面
a.嫦娥5号着陆器;b.动态展示的五星红旗

分解,从而可以永久屹立在月球上。另一方面,国旗展开的形式也设计和制造得极为精巧、可靠,展开机构总重量仅1kg,要在1秒钟内完成月面环境下的起爆解锁、支架展开、支架固定等动作,才能确保国旗顺利展示。这就需要克服月面大温差变化影响,保证展示机构中的爆炸装置可靠性,研制特殊的弹簧材料及弹簧制品等,才能如期实现国旗展示的任务目标。文艺界有一句流传甚广的名言,叫做"台上一分钟,台下十年功",说的是练成绝艺的艰苦。如果以嫦娥5号展示国旗的1秒钟做一个类似的对比,既然月面上1秒钟的动作要用8年时间"修炼",月面上的1分钟,就得在地球上乘以60倍时间,练480年才能成功!由此推而广之,可见探月工程的难度是何等巨大。

从嫦娥1号到嫦娥5号,经过短短的十来年时间,我国月球探测在技术上实现突飞猛进式的跃升。从嫦娥1号完成任务后自行撞向月球表面,以"自由落体"的方式硬着陆,到嫦娥2号"轻轻一跃",实现软着陆,再到嫦娥5号重新从月球起飞,返程途中以"打水漂"的巧妙方式重返大气层,技术难度的跨度说是"三级跳",丝毫也不夸张。在辉煌与光鲜的背后,"万里赴戎机,关山度若飞……将军百战死,壮士十年归。"这一段脍炙人口的古诗词,也成为我国航天人艰苦卓绝、奋发图强的真实写照。

G. 嫦娥6号会飞吗?

按最初的计划,嫦娥5号成功采样返回后,作为备份星的嫦娥6号将不再飞向月球,嫦娥工程也将宣告胜利结束。但随着工程的不断深入,中国月球整体计划"大三步"中的第二步:登,已顺理成章地呼之欲出。嫦娥6号,甚至嫦娥7号、8号的身影,也日益清晰可见。不久前,中国航天局负责人正式宣布,在嫦娥5号返回后,按最新研究制定的嫦娥工程后续规划,还将依次发射嫦娥6号、7号和8号探测器,完成三次新的探测任务。

其中,嫦娥6号计划在月球南极采样返回;嫦娥7号则着陆月球南极,对该处的地形地貌、物质成分、空间环境进行综合探测;嫦娥8号除继续完成探测任务外,还将进行一些关键技术的月面试验,为今后构建月球基地开展必要的前期探索。

看来精彩纷呈的"嫦娥之舞",还远未到终场谢幕之时!

探测篇

　　除了上面我们介绍的以外,近年来世界上还有不少国家和组织表现出了对探月、探火星和进入太空的浓厚兴趣,有的制订了独立的探月计划,如德国、韩国;有的实施了自主的探月工程,如以色列;有的参与了国际合作,如沙特阿拉伯。相信随着时间的推移,还会有更多的国家和组织加入到这份名单中来,月球被人类命运共同体中更多的成员深入认识、系统研究、合作开发乃至共同利用的日子,已经不再是可望而不可即了。

3 揭秘篇

清风明月本无价，
近山遥水皆有情。

"嫦娥"奔月（第二版）

"CHANG'E" BENYUE

　　我们承认，我们对月球的了解已经处于初级阶段，但是，这和我们所追求的目标还相差甚远。我们不仅要明白月球的早期历史和现在的环境，而且还要研究下一步探索月球的步骤以及如何利用其资源为人类造福。

　　　　——摘自17国代表推出的《新月宣言》（2004年于印度）

3.1　月球的基本数据

　　和我们熟悉的地球相比,月球上到底有没有人? 如果有人,他们是怎样生活的? 如果没有人,有其他生命吗? 如果没有生命,月球上究竟有什么呢? 这些问题曾经困扰但也吸引了我们的祖先数千年。一直到20世纪60年代末,当阿姆斯特朗代表地球人类第一次踏上月球后,存留在人们脑海中的疑团才逐渐解开。虽然至今我们也还未能对月球的起源、形成、运动和演化了如指掌,但我们对月球究竟是由什么物质组成,月球内部有什么样的结构构造,月球外部有什么独特的地形地貌,无疑有了初步的认识。如表3-1所示,我们至少准确地了解到月球的半径不到地球的1/3,平均密度不到地球的1/2,表面重力只有地球的1/6(因此人在月球上能够轻易跳跃10m以上的高度)。此外,月球表面上大大小小、密密麻麻、林林总总的坑状地形,多数不是火山喷发的产物,更多的倒是天外陨石撞击的结果。而月球上虽然不见嫦娥、吴刚,我们却仍然满怀希望地期待着不远的将来,在月球上能够看到更多人类的身影。

表3-1　月球主要参数

	月球	地球
平均密度($g \cdot cm^{-3}$)	2.44 ± 0.004	5.158
平均半径(km)	1 738.09	6 371.004
惯性矩(MR^4)	0.39 ± 0.003	0.33
平均地-月距离(km)	384 402	
表面重力($cm \cdot s^{-2}$)	162	978.0(赤道) 983.2(极地)
中心压力(GPa)	4.2	370
地震释放能($J \cdot h^{-1}$)	小于10^6	大于10^6且每级相差3倍多
表面热流($W \cdot cm^{-2}$)	2	43.3
逃逸速度($km \cdot s^{-1}$)	2.4	11.186
质量(g)	7.35×10^{25}	$5.973\ 6 \times 10^{27}$
绕地球运转的平均速度($km \cdot s^{-1}$)	1.02	29.78
球面反照率(%)	7.3	39
从太阳获取的能量($J \cdot cm^{-2} \cdot min^{-1}$)	8.4	3

3.2　月球的形貌和地质特征

3.2.1　高地与月海——并不平整的月球表面

图3-1告诉我们，月球表面是很不平整的，它由高地和平原组成。人们把月球上的平原称为月海，高出月海的地区称为月陆或高地。在月球正面，月陆的总面积与月海的总面积大体相等，但在月球背面，月陆面积要大得多。月陆地区一般高出月海基准面约2~3km。月陆主要由浅色的斜长岩组成，对阳光的反射率较高，肉眼看到的月球上洁白发亮部分就是月陆地区。月球表面还分布有许多连续、险峻的山峰带，被称为山脉（或山系）。它们的数目不多，但高度

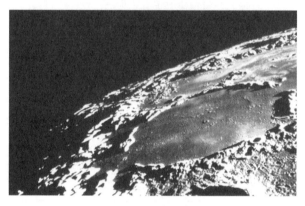

图3-1　起伏变化很大的月球表面

可达7~8km。这些山脉大多是以地球上的山脉名称命名的，如雨海周围的高加索山脉、亚平宁山脉、阿尔卑斯山脉等。月球上最大的亚平宁山脉长达1 000km，高出月海面3~4km。除月球山系外，月表还有4个长达数百千米的峭壁，除最长的阿尔泰峭壁组成酒海的外部圈层外，其他3座峭壁均突出在月海"海面"上，它们是静海中的科希峭壁、云海中的直壁和湿海西岸边的利比克峭壁。月球高地是月球上最古老的地质单元，一般绕月海盆地边缘分布，高地岩石的形成年龄为42亿~43亿年。

我们平常肉眼所看到的月面上的暗黑色斑块称为月海。大而圆的凹地称为盆地，这种盆地一般具有同心圆状构造，并或多或少地为月海物质所充填。换言之，盆地就是圆形月海所占据的凹地，类月海是没有被月海物质所填满的盆地。较小的凹地称为月坑。

目前所知的22个月海,绝大多数均分布在月球的正面,只有东海、莫斯科海和智海位于月球的背面。月球正面的月海约占整个半球表面积的一半,而且较集中地分布在北半球。最大的月海是风暴洋,位于月球正面北半部的西侧,面积约为500万km²;风暴洋的东边为雨海,面积达88.7万km²;静海位于月球正面中央偏东北,面积约26万km²;冷海东西延伸长达1 600km,呈带状分布于月球正面的最北边。此外,位于月球正面较大的月海还有澄海、丰富海、酒海、危海、云海、湿海、知海、界海、史密斯海和南海,它们

图3-2　月球正面月海分布图(灰暗色部分为月海)
①冷海;②柏拉图坑;③雨海;④澄海;⑤危海;⑥静海;
⑦丰富海;⑧酒海;⑨第谷坑;⑩云海;⑪湿海;⑫风暴洋

的面积多在7万~28万km²之间;位于月球正面中心的汽海、最东北的洪堡德海、危海东北角方向的蛇海,以及丰富海东北角方向的泡海和浪海,面积都较小,为1万~5万km²。月海的分布如图3-2所示。

月海"海面"被玄武质熔岩所掩盖,比月陆要低得多,如静海和澄海比月球平均基准面低1 700m左右,湿海则要低5 200m。最低的是雨海东南部,在那里的"海底"(亦即"海面")深度超过6 000m,因而澄海与雨海的"海面"高差很大,致使亚平宁山脉与高加索山脉之间出现连接这两个月海的"海峡",成为一个明显的斜面。

大多数月海具有圆形封闭的特点,但也有不少圆形月海相互间是连接的。孤立的危海是一个例外,它呈六边形。圆形封闭的月海大多被山脉(即细长延伸的高地)所包围。最突出的例子是雨海,其四周环绕着亚平宁、高加索、阿尔卑斯、朱拉和喀尔巴阡等山脉。这些山虽不连贯,但都是雨海周围环状外壁的一部分。

月海伸向月陆的部分称为"湾"和"沼",有一些小的月海则称为"湖"。月球正面

揭秘篇

最大的湾是露湾,位于风暴洋的最北部,面积比危海还要大。位于月球正面中心部位的暑湾和中央湾,也是风暴洋东岸上的"海湾",面积为3万~4万km²。雨海西北角上的虹湾呈半圆形,被朱拉山脉所包围。雨海东边的眉月湾被阿基米德、奥托利克和阿里斯基3个月坑所环绕,面积只有数千平方千米。月面上已知的"沼"有3个,即雨海东面的腐沼、云海南面的疫沼和静海东面的梦沼,它们的面积均为2万~3万km²。月面上的"湖"为数不多,面积最大的梦湖约7万km²,

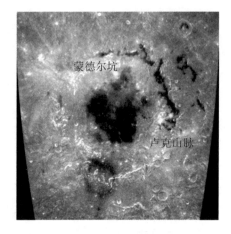

图3-3　东海月盆简图

它与面积约2万km²的死湖都分布在澄海的北边,而面积不大且细长形的春湖、夏湖、秋湖等均位于东海盆地的西面(图3-3)。

月球背面以月陆为主,月海很少,但有一些直径为500km左右的巨型圆形凹地,按大小可与月海相比,不同的是在其宽阔的底面并没有被暗黑色的熔岩物质所填满,并可见到若干个小的撞击坑散布其间。为了区别于月海,这种凹地被称为类月海,如位于月球背面的东海。东海盆地是位于月球背面月海中的一个直径达1000km的巨大环形构造,它位于南纬15°,西经89°。包围东海西半部的是3层同心圆状的构造,中央部分直径只有250km。这种同心圆的构造实际上是由撞击作用形成的,具体将在下一节进行介绍。

3.2.2　撞击坑——千疮百孔的月球表面

月球的表面,特别是月陆上布满了大大小小的圆形构造,它们就是由撞击作用形成的撞击坑。据统计,月面上直径大于1km的撞击坑(也叫月坑)总数在3.3万个以上,总面积约占月球表面积的7%~10%。大多数月坑的周围环绕着高出月面的环状山,有些凹坑四周还有放射状辐射线。从月球正面的月坑密度图(图3-4)可以看出,月坑最密集的地域位于月面中南部,自该区向北、西、东方向,月坑的密度逐渐变小;月海上的月坑密度最小,以雨海和澄海及其间的亚平宁和高加索山脉最为显著。月坑四周的环形山高度一般为300~700m。大型月坑中央往往有中央峰,高度一般比外环山低。

根据坑的形态,撞击坑可简单地分为小的碗形撞击坑、大的具中央隆起或中心环的撞击坑和多环盆地三大类。它们的差别见图3－5。

碗形撞击坑最简单,如月球上的普罗克鲁斯(Proclus)碗形坑。月球表面最清晰的212个撞击坑的深度与坑唇间直径的统计结果表明,在坑的直径约15km处有一个转折,即由简单的碗形撞击坑向更复杂的形态转变。碗形坑

图3－4　月球正面的月坑密度图

的直径一般在15~20km之间,坑的直径增大,形态就变得更为复杂。撞击坑的深度、直径不仅与撞击体的大小、初速、轨道、密度和结构有关,还与被撞击天体的重力场、被撞击处的岩性有关。由此也可推断出,由简单形态的撞击坑过渡为复杂形态的撞击坑也应与上述因素有关。

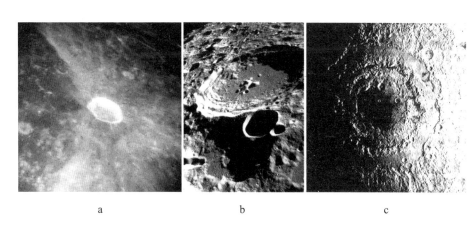

a　　　　　　　　　　b　　　　　　　　　　c

图3－5　3种撞击坑比较
a.最简单的碗形坑;b.具中央隆起的撞击坑;c.多环撞击盆地

揭秘篇

在月球上直径大于35km的撞击坑一般都发育有中央隆起，如Anaxazoras撞击坑（直径为51km）具有不对称的中央隆起。统计表明，具有中央环的撞击坑的直径一般大于100km。

尽管多环盆地不称为坑，但它也是由大型撞击体产生的特大型撞击坑。月球上有44个直径大于300km的盆地，至少有30个具有多环山脉的构造。如澄海盆地直径约为920km，盆地内的第一道山环的直径为620km，内山环的直径为480km，内盆地的直径为320km；风暴洋也是巨型的多环盆地，中心位置为南纬26°，西经15°，有三道山环围绕，各山环的直径分别为1 700km、2 400km和3 200km，风暴洋是月球上发生过的最大的冲击事件的产物，形成时间为42亿~43亿年前。

撞击作用是十分重要的行星形成与演化过程，它的形成过程将在第5节进行介绍。

3.2.3　火山作用痕迹——月海玄武岩为代表

像地球一样，月球形成早期也有大量的火山活动发生。这些火山活动是月球内部的热柱和撞击作用导致岩石熔融等因素形成的。这些火山活动的主要产物是玄武岩，绝大部分都流进了月球表面的低洼处——月海中，构成了前面所说的月海玄武岩。玄武岩的类型多样，形成时间也各不相同。

在所采集到的月海玄武岩样品中，最老的玄武质火山岩是阿波罗14号和阿波罗17号航天员采集的样品，年龄为39亿~40亿年。阿波罗11号航天员采集的低钾玄武岩也是月海玄武岩中最老的岩石，它们大约形成于39亿年前，可能略早于雨海撞击形成的年龄（38.2亿年）。而阿波罗11号航天员采集的高钾玄武岩的年龄为35.6亿年，比低钾玄武岩形成时间晚约3亿年。

根据锶同位素测定，阿波罗17号航天员采集的高钛月海玄武岩的年龄为36.6亿~37.9亿年，说明其形成时间比高钾玄武岩稍早而比低钾玄武岩晚。低钛月海玄武岩形成时间最晚，据锶同位素分析，阿波罗15号、阿波罗12号航天员采集的低钛月海玄武岩的形成年龄分别为32.1亿~33.7亿年和30.8亿~32.9亿年。

总体来说，月海玄武岩的形成年龄为31亿~40亿年。也就是说，大约在8亿年的这段时间内月海泛滥，形成月球上广泛分布的月海玄武岩，各类月海玄武岩源区是不同的,而月海玄武岩岩浆源在44亿年前就已形成。

关于月海玄武岩的成因问题,早期的观点认为它是月表岩石经冲击熔融的产物,事实上,高地月壳的部分或全部熔融是不可能产生月海玄武岩的,熔融后的分异也不能形成月海玄武岩。目前大多数学者认为,月海玄武岩是由于月球的内部物质不同程度地部分熔融,熔体在400km深处,密度约为3g/cm³,上升到月表后结晶而成。

3.3 月球表面物质和成分

3.3.1 月壤 ——不同于地球表面的土壤

在月球表面上覆盖着一层由岩石碎屑、角砾、撞击熔融形成的玻璃物质组成的结构松散的混合物,被称为月壤。它不同于我们通常所说的土壤,因为它不含有机质,黏土矿物亦很少。月海区月壤厚度通常为4~5m,月球高地由于暴露于月球表面的时间较长,被历次冲击成坑的溅射物多次覆盖,使月壤堆积较厚,深度可达10m。从图3-6可以看出人类的脚印踏上月球时表面月壤的样子。

1)月壤的成分

阿波罗15号钻取的243cm的月壤岩芯钻孔的分析、研究结果表明,月壤可分为42层不同的结构单元,每个单元从几毫米到13cm不等,这是由于长期受陨石及微陨石冲击及其溅射物的堆积所造成的。月壤中大约有5%的岩屑来自100km以外的溅射物,而来自1 000km以外的溅射物仅占0.5%,50%来自附近3km范围。因此,月壤中绝大部分物质是就地及邻近地

图3-6 人类留在月壤上的足迹

区物质提供的。月壤的堆积速率极其缓慢,平均约为1.5mm/Ma,相当于平均每年堆积
1.5nm(6个氧离子的厚度)。但在40亿年前,即月海盆地的开凿形成时期,月壤的堆积
速度可能比现在大一个数量级。

月壤的组成极其复杂,加之结构松散,因而月震波在月壤中的传播速度很低。根
据各阿波罗飞船着陆区的测定,月壤中地震波的传播速度为94~114m/s,一般约为
100m/s。

月壤中的角砾、岩屑、细粉尘、玻璃等由于来源不同,矿物和化学成分也有很大的
差异。角砾是由岩屑、玻璃和粉尘混合胶结而成的。月球表面受陨石冲击也可产生
角砾,当冲击压力为$(1.5\sim7.3)\times10^7$kPa时,月壤粉尘产生不同程度的熔融。当冲击压
力为$(1.5\sim1.8)\times10^7$kPa时,约有5%的月壤粉尘熔融;当冲击压力大于6.5×10^7kPa时,约
有30%~75%的月壤粉尘熔融,月壤熔融时会胶结其他组分构成角砾。月壤中的玻璃
主要是冲击熔融的产物,也含有一部分火山玻璃,如阿波罗15号航天员采集的绿色玻
璃、阿波罗17号航天员采集的橘黄色玻璃等。月壤中玻璃的形状不规则,颗粒大小约
100μm,颜色因成分而异(表3-2)。玻璃中常含有一些小于300nm的铁质球粒,有些
球粒镍(Ni)质量分数达10%。

表3-2　月壤中玻璃颜色与其他性质的关系

颜色	折射率	TiO_2(%)	FeO(%)	相对密度
无色、透明	1.50~1.60	0~0.1	0~16	小于2.7
浅黄色、绿色、浅绿色、透明	1.59~1.65	0.1~2	4~10	2.7~2.8
深绿色、透明	1.65	0~1	7~16	2.8~2.9
黄褐色、透明	1.65	1~2.5	8~14	2.7~2.8
浅－深褐色、红褐色、透明	1.65~1.75	3~8	9~16	2.8~3.0
黑褐色、不透明	1.75	7~12	15~25	3.0~3.25

月壤中玻璃的成分也极为复杂。玻璃大部分是来自就地岩石的冲击熔融,但也
有的来自较远处的溅射物及就地形成的火山玻璃。阿波罗15号航天员采集的547个
玻璃样品中,绿色玻璃约占1/3,类似月海玄武岩成分的玻璃约占21%,玄武岩成分的
玻璃约占37%,类似花岗岩成分的玻璃约占0.6%。阿波罗16号航天员采集的309个

样品的分析结果表明,近46%的玻璃与高地玄武岩成分相近,约53%的玻璃接近斜长岩成分。由阿波罗17号航天员采集的288个样品分析可以看出,火山成因的橘黄色玻璃约37%,与其他月海玄武岩成分相似的约26%,接近非月海玄武岩成分的玻璃约37%。

月壤中常含有极细粒的金属铁。金属铁可能来自硅酸盐和其他矿物中的锰(Mn)在月表的还原作用,形成的铁质颗粒大小为4~33nm。金属铁也可能直接来自微陨石及其冲击作用,颗粒一般大于33nm。

2)月壤中的太阳风组分

月球表面物质主要受到3种辐射源的辐射,即太阳风、太阳耀斑和银河宇宙线。太阳风是指从太阳日冕向行星际空间辐射出来的连续的等离子体粒子流,可能代表太阳日冕的成分,能量为1keV/核子的太阳风粒子平均速度为4 000km/s。太阳风中稀有气体的丰度相对氢(H)而言,与太阳光球和日冕的丰度相似。太阳风粒子直接注入月壤内,深度可达30~50nm,引起某些微观尺度的变化。太阳耀斑粒子比太阳风能量高,一般为10~100MeV/核子。太阳耀斑粒子直接注入月壤,产生宇宙成因核素,在距月表1cm的深度内形成太阳耀斑核径迹(密度达10^7~10^9径迹/cm^2)。银河宇宙线来自太阳系外,粒子能量达100~10 000MeV/核子。银河宇宙线与月壤、月岩产生一系列核反应,形成多种宇宙成因核素,并使矿物晶体产生损伤。银河宇宙线的主要成分为质子、氦核和极少量的超高能及超重、超高能粒子。

3)月球上到底有没有水

在20世纪60年代初,行星科学家曾经推断月球上有水。不过这些水不在阿波罗登月时已探测过的赤道地带,而是在月球两极附近;不在"波涛汹涌"的月海,而在极地附近那些终年不见阳光的幽深陨石坑中;不是以液态的形式存在,而是以固态冰的形式存在。有研究认为,它们有可能是几十亿年来被太阳烘烤而提取的水蒸气重新冷凝而成,也有可能是彗星、小行星与月球碰撞后遗留下来的馈赠物。

1998年,美国发射了月球勘探者宇宙飞船,上面携带的中子分光仪专门用来勘探是否有水或冰的存在。参与研究的科学家通过对收集回来的资料进行分析,认为在月球南北极蕴藏着大量水源,其总量有66亿t之多,相当于一个中等大小的湖泊水量。

2008年,由美国布朗大学的阿尔贝托·萨尔(Alberto Saal)主导的研究小组在观测由阿波罗飞船带回的月球样品时,发现了月球玻璃(未结晶的月球岩石碎屑)中含有水，但量较少，大约每百万份中只有46份含水。尽管月球玻璃含水量小，但它与地球上玄武岩中的含水量（大约每百万份中含260份）仍有可比性。这极大地改变了部分科学家从前对月球可能无水的看法。

接下来，另一批美国科学家宣布他们成功地在月球上采集的磷灰石中找到了水。这是一个极为重要的发现，因为我们知道磷灰石是月球中唯一的已知含水矿物，而磷灰石又普遍存在于几乎所有类型的月球岩石中。

图3－7　月球矿物制图仪显示月球两极为含水的蓝色光谱成像

好消息还在不断跟进中：2009年9月24日，印度首个月球探测器月船1号在和地球失去联系前传回的数据中，显示月球表面存在大量的水。2010年，美国的"月球陨石坑观察与感测卫星"（LCROSS）发回的数据经研究解释后，被科学家确认月球极地有水存在。接着美国的"月球矿物制图仪"（Moon Mineralogy Mapper）再度证实：月球上的水不是仅存在于两极，而是月球表层几乎到处有水（图3－7）。更重要的是，在一些古老的月球高地岩石和玄武岩质玻璃中，水的同位素几乎与地球上地幔水的同位素组成在同一个范围内，这意味着月球和地球有着相同的水来源。

然而也有不同的意见。中国科学家根据嫦娥3号传回数据的研究结果宣称，"人们一直好奇月球上到底有没有水，对于这个问题，（嫦娥3号携带的）月基光学望远镜给出的答案是：没有"。对这一结论，NASA中文网刊的一篇文章迅速反驳说，"根据NASA月球矿物制图仪绘制的月面，蓝色显示有少量水的存在，且位于月球高纬度的两极区域"。也许，要最终平息月球上有水还是没水的争论，还得人类再次登上月球，亲眼去看一看，才能确定。

4）月壤中 ^{3}He 的分布与应用开发前景

有科学家认为在月球表层的土壤里保存了来自太阳风带来的大量氦－3（^{3}He），乐观地估计有100万~500万t。而1987年美国全国的发电量若利用 ^{3}He 代替，只需要

25t。如果真是这样,那么月球将会成为地球村民意外获得的一个巨大无比的能源宝库。

问题是,尽管³He是一种清洁、安全和高效的核聚变能源,但它能否被人类开发和利用,还存在着尚未查明且难以攻克的难题:一是³He在月壤中的赋存机制是什么,月尘中是否真正有可观储量的³He,这些都还需要通过进一步月球探测的任务来证实;二是人类60余年来所进行的受控核聚变研究表明,³He聚变产物虽然可控而且比较干净,但因其聚变劳森判据太高,所要求的温度比氘-氚聚变高一个数量级,要在现实中真正实现³He聚变的条件实在是太苛刻了,因此在可预见的将来都很难成为核聚变燃料的首选。

劳森判据:是在核物理领域中,判断核聚变能否发生及在何种条件下以何种方式发生的一个科学判据。劳森判据是以压强为横轴,以温度为纵轴而建立的一个参照系,不同方式的核聚变在某一温压区域内能否发生,均有明确界定。所谓劳森判据太高,是指导致核聚变发生的温压条件要求远远超出常温常压而极难达到的一种高温高压状态。

3.3.2 月球表面岩石的种类和成分

月球表面高地和月海中的岩石成分有很大的差异。

1)月球高地岩石

月球高地的主要岩石类型有斜长岩,富含镁(Mg)的结晶岩和富含钾(K)、稀土元素(REE)及磷(P)的克利普岩(KREEP)。

斜长岩由95%(质量分数)的钙长石及少量的低钙辉石、橄榄石和单斜辉石组成,年龄为41亿~43亿年。

富镁的结晶岩包括苏长岩、橄长岩、纯橄岩、尖晶石橄长岩和辉长斜长岩等岩石类型,年龄为44.5亿年。

揭秘篇

克利普岩最早发现于阿波罗 12 号带回的月壤的浅灰色细粉末中,后来证实它在月球上分布很广泛,是岩浆分异或残余熔浆结晶形成的富含挥发组分元素的岩石,有人戏称它是"月球上的花岗岩"。

根据阿波罗飞船采集的月壳岩石的分析结果,60%以上的岩石是由各类高地岩石经冲击破碎、部分熔融而胶结形成的角砾岩。根据角砾的构造特征,角砾岩可划分为以下类型。

（1）单组分角砾岩:由就地产生的破碎岩石角砾或经熔融重结晶角砾组成。

（2）双组分角砾岩:由就地产生的破碎岩石角砾或经冲击熔融的重结晶角砾与穿插有细脉状角砾所组成。

（3）多组分角砾岩:由岩屑碎块、月壤角砾、冲击玻璃等黏结而成。这些角砾岩的岩石类型及矿物、化学成分极不均匀。由于多种类型的岩石经冲击破碎并部分熔融黏结,因而角砾岩中的角砾、玻璃和胶结物都具有多来源的特征。

2）月海岩石

对阿波罗飞船 6 次登月所取样品及月球号探测器所带回的岩石样品进行分析发现,月海岩石有 20 多种类型的玄武岩,其二氧化钛(TiO_2)的质量分数为 0.5%~13%。根据 TiO_2 的含量,玄武岩分为三大类型:高钛玄武岩、低钛玄武岩和极低钛玄武岩。由于低钛玄武岩和极低钛玄武岩实际上难以区分,现大多采用高钛玄武岩、低钛玄武岩和高铝玄武岩三分法体系,然后再根据玄武岩中的矿物成分及其他特征而划分亚类。月海玄武岩的主要矿物为辉石、富钙长石及富镁橄榄石。

3.4　月球的内部结构

3.4.1　月球物理探测数据

1）月震波

月震波可为月球内部构造的研究提供许多重要证据。对天然和人工月震的探测证明月球最上部 1~2km 是岩石碎块和土壤,月壳厚度为 60~65km。阿波罗月震网（全部分布在月球正面)所记录的在月球的正面和背面由陨石冲击和月震产生的压缩震波、剪切波(又称S波,仅仅能记录在月球正面产生的月震波,这说明月球内部的深部能够使S波衰减),表明月球深部是热的和可塑的物质,甚至其中有一小部分岩石可能是熔融的。月球的岩石圈(比较刚性的、能传播S波的层位)将近有1 000km厚,月球内部所产生的月震,其震源都产生在700~1 000km的深处,表明震源是位于月球岩石圈与软流圈之间。月震波速度的变化表明,月球的高地是由富含铝(Al)的玄武岩及苏长斜长岩所组成,压缩波(P波)的传播速度为6.3~7.0km/s,在月幔的顶部波速为8km/s,而S波为4.6km/s。在月核中S波很快衰减,而P波的速度比在月幔中低。地震波随温度的增高而衰减增大,若月核全部熔融,则要求P波的速度低于0.3km/s,这与所记录的数据不符,所以月球不可能像地球一样有一个熔融状态的月核。结合月球磁场的研究结果,月核也不可能是一个高密度、熔融的金属核。

2)磁场

月球的磁场性质可为月球内部研究提供重要的依据。根据早期月球轨道飞行器的测量结果,月球没有全球性的偶极磁场。从采集回的月球岩石样品中发现,许多矿物具有天然的、较强的、稳定的剩余磁化组分,据此认为在36亿~38亿年前,月表磁场强度与现在地球表面的磁场强度接近,而在38亿年前和36亿年后的磁场强度都变小了一个数量级。

关于月球磁场的成因问题长期以来未得到解决。有些学者认为月球在32亿~38亿年前曾经有一个熔融的月核,所以产生过全球性磁场;另一些学者则认为在30亿~40亿年前,月球经过一次大的变动,曾使岩石加热到居里点(约780℃)以上,当岩石冷却到居里点以下,在一个数千伽马的磁化磁场中获得了剩磁;还有一些学者认为月球现在这种仅局部才有的磁性是在地球磁场或太阳风的作用下产生的;甚至有人认为月球现有的局部磁性是月球有一个小的富铁的月核所导致。

但是上述的假说都无法圆满解释月球的磁性质。最近NASA的月球勘探者号探测器通过其携带的磁力仪(MAG)和电子反射谱仪(ER)测量了月球磁场数据,结果认为月球的磁性主要是由于小天体撞击所致。

3)重力场

一些月海盆地存在重力正异常的区域,这些区域被称为质量瘤(Mascons)。质量

瘤产生的原因目前还没有统一的说法，基本上有外因说和内因说两种。外因说认为它是一些坠落在月表的小天体，由于小天体的密度比初始月壳（主要是斜长岩成分）的密度大，因而形成质量瘤；内因说则认为质量瘤是月球本身演化过程中，密度较大的物质聚集形成的一种产物。有的学者认为，在初始月壳形成以后，由于陨石冲击月表，开凿形成许多月海盆地，盆地深达8km。在月海盆地中月壳较薄，月壳的密度约2.9g/cm³，可能低于月壳以下的月幔的密度（3.3g/cm³）。由于月面下仍然是可塑的、炽热的状态，因而月面下的物质能够产生对流。下部稠密的物质像"塞子"一样涌上，到达月海盆地下面的均衡补偿面，最终达到重力平衡。正是由于月海玄武岩大面积喷发，覆盖在月海盆地上，形成月球面积1/5的月海玄武岩（密度3.2~3.3g/cm³），因此，月海盆地的部分部位因质量过剩而产生重力异常。还有学者认为，稠密物质的上涌使月海达到均衡补偿水平是由于上部热物质的收缩产生了过剩的压力，驱使月幔物质上涌达到均衡补偿而导致质量瘤的形成。

3.4.2　月球的内部结构

月震波波速还可为我们提供有关月球各层圈的物质组成信息。上月壳的波速是介于月海玄武岩与非月海玄武岩之间；下月壳的波速类似于地球上的辉长岩和斜长岩，与月球高地岩石也相似；在月幔与月壳之间有一过渡层，被称为月震波高速带，波速为8~9km/s。从整个月幔的波速大小看，月幔的物质成分相当于地球的基性岩和超基性岩成分，而月核则为一个低速带，可能相当于地球上的软流圈。

从月震波数据的分析可以看出，月球也具有与地球相似的内部构造，即依次由月壳、月幔和月核组成的同心圈层结构（图3-8）。

月壳的平均厚度约65km，由两大基本单元构成，即主要由斜长岩组成的高地型月壳和主要由玄武岩组成的月海型月壳。高地占月球表面面积约83%，月壳占月球总体积的10%，而月海玄武岩占壳总体积的10%，即占整个月球总体积的0.1%。不同区域的月壳厚度不同，正面月壳的厚度平均约为50km，背面月壳厚度平均约为74km。

月球内部各圈层的划分主要是根据月震波波速的变化得来的。75km以上主要为人工月震记录的资料，而深部的资料来自天然月震及大型陨石撞击月表产生的冲击月震的记录资料。从月表向下，月震波波速平稳增加，但在某一深度，月震波波速会发生跳跃性的变化,这一深度就是月壳和月幔的界线。图3-8中月震波高速带是指月震波波速突然增加的区域。根据阿波罗月震仪探测结果,在60km深度月震波波速从7km/s增加到8km/s,表现出月壳-月幔界面的月震波波速的不连续性。月壳是月球岩浆"海"固-液相分馏的结果,在分馏期间较轻的斜长石上浮形成辉长质斜长岩月壳,而较重的橄榄石、辉石下沉到岩浆"海"底部形成上月幔。因此,可以认为月球高地是早期辉长质斜长岩的残留体,同位素年龄值为44亿~45亿年。绝大部分月岩是在约44.6亿年前的主要岩浆事件期间形成的。

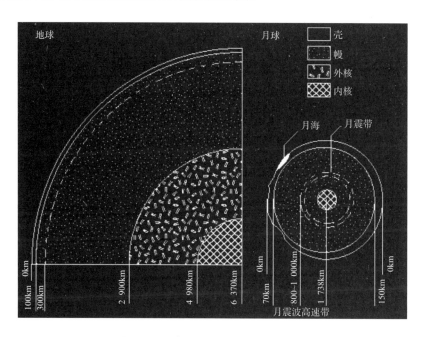

图3-8　月球具有与地球相似的圈层结构

根据天然月震和陨石撞击事件的记录,月幔至少延伸至距月表1 000km的深度,在1 000km以下月震波波速衰减很快,表明其内部介质不均一,而且也可能有熔融层的存在。根据这些特性,月幔可分为上月幔、下月幔和衰减带。上、下月幔的分界面约深500km,下月幔与衰减带的分界面出现在月球内部深约1 000km处。上月幔主要由辉石、橄榄石(辉石/橄榄石>1)组成,下月幔由相同的岩石组分以不同比例(辉石/橄榄石<1)组成。深约1 000km的地方是深月震发源处,存在部分熔融而引起月震波衰

减。月幔物质具有大致相同的密度和类似地幔性质的弹性性质。位于月球内部60~1 000km的月幔构成了月球的岩石圈,而地球岩石圈仅厚100km。月球发育很厚的岩石圈,显然是因为它体积小、早期快速冷却的结果。至今还没有确切的证据证明月球有金属核,但安放在月球正面的月震仪记录到月球背面流星体撞击事件时发现在月球中心的月震波中,纵波(P波)发生衰减,横波(S波)则完全消失,由此推测月球内部可能存在一个半径约700km的月核。1998年月球勘探者号的探测结果表明,月核的半径可能小于400km。

3.4.3　月球内的质量瘤

　　1966和1967年美国陆续发射的5个名为"月球轨道环形器"的探测器在绕月运行的过程中,发生了一种不正常的现象:每当飞船接近月海时,就会产生莫名其妙的抖动和倾斜。经过一系列分析和验证,科学家们最后判定月海下面有一些奇特的物质,影响了飞船的运动。1968年,美国科学家Muller绘制了一幅月球重力场图,发现了6个月海下的月幔内存在着块状形态的重力异常,他称之为质量瘤。1969年的进一步工作又发现了7个新的质量瘤。目前在月球正面发现了11个、背面发现了2个,共13个质量瘤,并测出了月球的质量中心(因此)略偏向地球一边约2km。如前所述,关于这些质量瘤的形成有多种看法,但对于质量瘤究竟是由什么成分的物质组成,又是如何形成的,至今依然还是各有所见、悬而未决的月球之谜。

3.5　月表的物理过程

　　月球自形成以来其表面经历了陨石撞击、火山作用和太阳风与宇宙辐射等多种物理过程的作用。

3.5.1　陨石撞击与表面重塑 ——现在的面貌

　　陨石撞击在月球表面留下了最醒目的印记——撞击坑、环形山、放射状射线和盆

118

地。由于撞击作用持续的时间长,因此不断有新的撞击叠加在早先的撞击构造之上。这里只简单地介绍撞击坑的一般形成过程。

1) 接触和压缩阶段(图3-9中的a和b)

当冲击体接触被冲击物表面时即产生压缩,冲击体的动能传递给被冲击物,并产生强烈的冲击波,被冲击物内的冲击波沿着近似半球形的前沿从接触点迅速向外传播,瞬间压力达几十万兆帕。虽然高压持续的时间很短,但能引起物质内部状态发生急剧变化,冲击体发生形变、破裂、相变甚至迅速气化。在接触的界面处产生粒子的高速喷射,由于喷射而形成稀疏波。喷射的物质不仅有灼热和熔融的被冲击物,也有冲击体的碎块和电离气体。喷射物质的速率比冲击体的初始速率高几倍。瞬间的超高速冲击伴随有闪光,这是由于气体电离及由界面喷射的白炽熔融物所产生。当冲击波从冲击体的背面反射时,这一阶段即告结束。

2) 挖掘阶段(图3-9中的c和d)

当压力较低而速率为中速或低速时,从胚坑中抛射出的物质质量最大,因为大部分能量都消耗在加速和喷射的粒子上。冲击波的能量约50%转换成热能,其余50%能量用于产生喷射和更换坑底的物质。冲击波的前峰从冲击点迅速向外传播与扩张,但被冲击体内的冲击波峰压随着离开冲击点的距离增加而急剧减小,从而产生径向膨胀。波阵面的运动方向开始是近于平行,但很快就变为与正在发育的坑壁平行了,导致喷射物呈横向流动。早期的喷射物呈低角度抛出,而晚期的则呈高角度抛出。有些喷射物呈高角度弹道抛射到坑的上面,落下形成松散的碎屑层,铺在坑内。大部分喷射物是没有受到冲击熔融的碎块,冲击体一般会发生气化、熔融,在喷射物中仅保存约10%。

3) 改造定型阶段(图3-9中的e和f)

此阶段包括坑的崩塌、均衡调节以及后期的侵蚀与充填。大型撞击坑一般都可观察到坑唇或坑壁的崩塌,以及阶梯状坑壁。由于坑底岩石的非塑性回弹形成中央隆起,后期的各种作用也将改变或掩埋已形成的坑。

3.5.2 火山作用——曾经充满活力的天体

月球形成初期曾经发生过强烈的火山-岩浆活动,前面所说的高地斜长岩和月

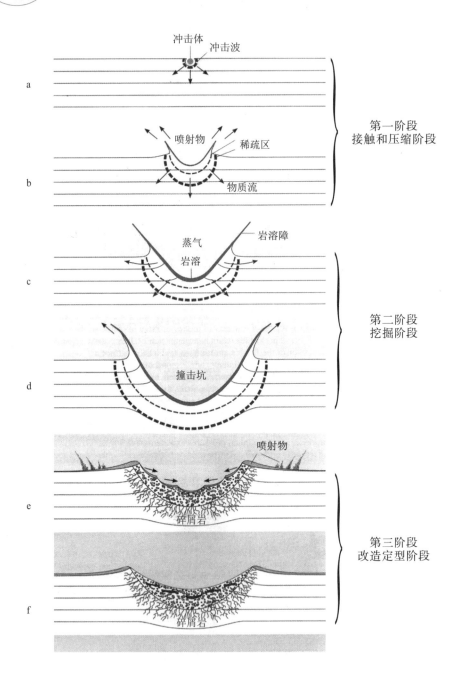

图3-9 撞击坑的形成过程

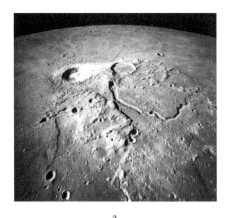

a   b

图3-10　月球表面火山活动的痕迹——熔岩流

a.可见清晰的火山口与熔岩流;b.可见呈面状溢流的熔岩流从左下方向右上方流动,图中箭头为溢流指向

海玄武岩等是月球岩浆活动的产物。这里主要介绍月球形成之后较为年轻的火山活动,这些火山活动表明月球并非是一个"死亡"的星球。

月球表面被保留的最直观的火山活动痕迹有火山锥和熔岩流。图3-10里的两幅照片清晰地说明月球表面存在较为年轻的火山活动事件,所形成的熔岩流充填在早期形成的陨击坑或流过多坑地表。

此外,月球表面的一些短暂事件也可能与火山活动有关。短暂的事件是可以用望远镜观察到的,如表面的模糊、颜色的变化和亮度的增加,它们持续几秒到几十秒。这些现象有和撞击坑一样的边缘,中心突起,以及月海盆地边缘相联系的趋势。在200个地方发现的1 300个短暂的事件中,400多个都和Aristarchus、Plato、Alphonsus这3个撞击坑有关系。

这些短暂事件可能是月球自身气体释放或者现代火山作用的表现。苏联天文学家N.A.Kozyrev在对Aristarchus和Alphonsus撞击坑有关的此类短暂事件研究中,运用光谱分析发现了特定的气态原子,包括碳和氢。但是另一种解释认为,这些现象是表面发光的硅酸岩和太阳辐射的气体产生的。

另外一种探测火山活动的方法是α粒子探测器探测法。阿波罗15号和16号上携带的α粒子探测器可观测月球表面的氡-222(^{222}Rn)的分异。^{222}Rn是由于铀(U)衰变

揭秘篇

产生的,它的半衰期只有3.7天。因为^{222}Rn是一种气体,所以它可以很快地到达月球的表面。又由于它的半衰期很短,在月球表面检测到的^{222}Rn肯定是在1周或者2周之前从月球内部来的。因此,对^{222}Rn的检测可以帮助我们找到气体迅速泄漏的地方,这些地方可能就是现代火山作用的地点。在Aristarchus和许多圆形月海的边缘检测到了聚集的^{222}Rn,所以它才被确认为是一个有着现代活动的火山口。

因此,科学家认为月球上的短暂事件可能是由于与火山活动有关的挥发性气体的产生卷起灰尘引起的,^{222}Rn也是在这些事件中逸出的。

3.5.3 太阳风与宇宙辐射 —— 外界干扰仍很强

前面已经提及,月球表面物质主要受到3种辐射源的辐射,即太阳风、太阳耀斑和银河宇宙线(表3-3)。

表3-3 3种辐射源所引起的辐射效应表

辐射源	质子通量 p/(cm² · s)	能量	典型贯穿距离	主要效应
太阳风	$3×10^8$	1keV/核子	300nm	①直接注入样品表面; ②使月球大气中的核素重新注入月壤表面[如月壤中氩-40(^{40}Ar)过剩]; ③辐射损伤
太阳耀斑	10^2	小于1MeV/核子,大于或等于100MeV/核子(低能粒子比高能粒子多得多)	几毫米到几厘米	①产生放射性核素[如铝-26(^{26}Al)与锰-53(^{53}Mn)]; ②产生径迹(由高能离子产生); ③电子缺失(如热释光)
银河宇宙线	1	大于或等于100MeV/核子,典型为3GeV/核子	几毫米到几厘米	①产生放射性核素; ②产生稳定核素[如氖-21(^{21}Ne)与氮-15(^{15}N)]; ③在靶体内部由于核粒子的丛射和级联反应而产生的核效应; ④产生径迹和晶格损伤; ⑤各级核效应产生的深度效应

太阳辐射会对月壤产生许多物理、化学和同位素效应,主要表现在矿物晶体结构的损伤和月壤化学元素丰度的变化。

太阳风只能在月表几十个纳米的深度内造成矿物晶体结构的损伤,太阳耀斑则可在1cm的深度内产生极大的径迹(在晶体的结晶表面损伤的痕迹)密度(有时达10^{11}径迹/cm^2),而银河宇宙线与物质相互作用产生的宇宙成因核素分布可深达2m,宇宙线径迹一般保存在长石、辉石、橄榄石等矿物晶体中。在矿物晶体中曾发现$20\mu m$长的径迹,可能是高能宇宙线产生的新鲜径迹,也可能是已灭绝的超重元素产生的裂变径迹。

月壤细粒粉末中稀有气体含量很高,标准状态下达$0.1\sim1cm^3/g$,相当于$10^{19}\sim10^{20}$原子/cm^3。月壤中的稀有气体不可能是月球原始大气层残留的产物,而是多途径来源:俘获太阳风粒子;太阳耀斑粒子的注入;由太阳质子核、银河宇宙线与月壤物质相互作用产生散裂反应形成的^3He、^{20}Ne、^{21}Ne、^{22}Ne、^{38}Ar等核素;由U、Th(钍)和K(钾)衰变产生的^4He、^{40}Ar;由重核裂变产生的Kr(氪)与Xe(氙);由中子俘获的Xe等。其中,月壤中的^{40}Ar比预计来自太阳风俘获^{40}K衰变的量要高几个数量级,这种^{40}Ar的异常可能是长期以来由月球内部K衰变产生的^{40}Ar,挥发到月球表面后被太阳辐射所电离,然后这些离子被伴随太阳风的磁场所加速而注入月球表面的土层中,大于1keV的离子均被很细的月壤颗粒所俘获,从而引起月壤中^{40}Ar的高度异常。太阳风组分的直接注入是月壤中这些稀有气体的主要来源的有力证据之一,这些稀有气体同位素比值与太阳风比较接近,而与地球大气层差别很大。

月壤暴露在月表上接受一段时间辐照后,新的冲击坑产生的喷射物会覆盖原有的月壤,而太阳风组分注入月壤的深度一般在300nm范围内,使老的月壤接受辐照的程度大大减弱,因此,月壤中太阳风组分的浓度还与月壤在月表的暴露时间有关。通过测量各层月壤中由太阳耀斑和银河宇宙线在矿物内产生的径迹密度,就可计算其暴露时间。太阳耀斑粒子及银河宇宙线的高能粒子与月壤中的元素产生反应,主要通过钯(Pd)元素的散裂,形成一系列稳定的、放射性的宇宙成因核素。此外,根据太阳耀斑的径迹密度可了解太阳粒子在时间上的变化。

前面我们主要介绍了太阳风与宇宙辐射对月壤成分的影响,实际上这些影响对未来人类在月球表面的生存是不构成任何威胁的,因为这些辐射都比地球表面受到

揭秘篇

的辐射弱。月球表面的月壤中之所以有高浓度的 ^{3}He 和其他稀有气体，是因为月球表面已经有 30 多亿年没有受到大的干扰，太阳风和宇宙射线的辐射所造成的影响已有 30 多亿年的历史记录。地球则完全不同，地质作用的改造和海陆变迁使得太阳风和宇宙射线的影响无法得到保留，因此地球表面没有类似月壤成分的土壤存在。

3.6　月球的成因与演化

关于月球的起源，长期以来就存在着捕获说、共振潮汐分裂说和双星说之争，大碰撞分裂说则是近年来提出的。我国学者欧阳自远在其专著《天体化学》及《月质学研究进展》中也曾对各种假说的依据及所能解释的观察事实作了对比分析和综合评述。

3.6.1　月球的成因假说

1）捕获说

地球与月球不是同一星云团物质形成的，由于地 – 月轨道的变化，在 1~10 个地球半径范围内月球被地球捕获，成为地球的卫星。但到底月球是怎样被地球所捕获的呢？不同的学者有不同的具体看法。

以 Alfver 和 Adlenim（1972）为代表的捕获说认为，地球最初有 5~10 个小卫星，而月球和地球是在不同环境下各自作为独立的天体在太阳星云中形成的。由于潮汐共振使地 – 月轨道逐渐接近，最终月球被地球捕获而成为地球新的卫星。由于月球比地球其他的小卫星的质量大得多，因此月球捕获并且吞并了地球所有的小卫星。在吞并小卫星的过程中产生了月球表面的月海开凿事件，形成月球地表大型盆地。而在这些月海盆地内的质量瘤即是地球原有小卫星的残骸，这些小卫星的总质量约为 10^{21}~10^{22}g。这一观点对解释月球内部质量瘤的成因提出了独特的见解。

麦克唐纳德等（1992 年）则认为，月球原来是围绕太阳运行的小行星，其轨道如图 3 – 11a 所示，这时月球与地球的轨道面交角约为 5°（图 3 – 11b），捕获可能发生在月球接近地球，即月地距离为 10 个地球半径以内的距离时。地球与月球接近时的位置

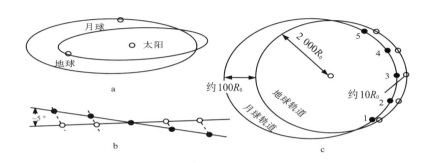

图3-11　月球被地球捕获过程示意图

a.绕日轨道;b.地-月轨道面交角;c.地-月位置关系;R_0地球半径

关系如图3-11c所示。

2）共振潮汐分裂说

共振潮汐分裂说认为,地球初始呈熔融态,由于潮汐共振,在赤道面上一部分熔体分裂,冷凝后形成月球。著名英国生物学家、进化论创始人达尔文的儿子G.达尔文最早倡导这一假说,他认为现在的地球和月球的角动量加在一起,可以形成大约4小时为一周的自转。若地球与月球原来是在一起的,则该行星的自转周期约为4小时。由于太阳的潮汐作用,其周期只有2小时,这与地球的自由摆动周期几乎相当,并因此引起共振。若地球是熔融状态,那么潮汐的高度就会逐渐增大,在赤道面上形成细长的膨胀,最后引起地球的分裂,分裂出来的部分形成月球。

还有另一种观点认为,太阳系形成时,月球是由地球表层的碎块聚集而成,其证据是月壳表层岩石的相对密度为3.1,整个月球的平均相对密度为3.34,这与地球初始地壳的物质密度相似。

3）双星说

持双星说的学者认为,在太阳星云凝聚过程中,星云的同一区域内分别形成了地球与月球。

月球的起源与演化理论必须符合目前探测与观察所获得的有关月球的基本特

揭秘篇

征,即月球、地球以及其他行星在太阳星云中几乎同时聚集并很快地在约1亿~2亿年内发生物质的熔融、分异和调整;月球的总体成分与地球的平均成分差别很大;月球比地球和球粒陨石更富含难熔元素,月球的Al、U、Th、Ca等元素的丰度比地球高两倍;月球比地球和球粒陨石更匮乏挥发性元素和亲铁元素(化学性质与铁相似的元素);月球的密度比地球的低,比地球缺水;月球具壳层结构;月球表面岩石较古老;等等。月球与地球的这种组成上的巨大差异,可以作为两者起源于不同星云的依据。

以上3种假说虽然对月球的化学成分、结构、运行轨道和地－月关系的基本特征的解释均有不同程度的依据,但在成分与自转速度的差异、氧及其他同位素组成的相似性等方面仍存在许多难以自圆其说之处。

4) 大碰撞分裂说

近年来,出现了一种新的并逐渐获得了大多数学者支持的月球成因假说——大碰撞分裂说。这个假说认为:地球早期受到一个火星大小的天体的撞击,碎片由两个天体的硅酸盐幔的一部分组成并聚集形成了月球。这个假说较合理地解释了月球的化学元素与同位素组成、地球自转加速及地、月自转速度的差异,以及月球早期曾产生过岩浆"洋"及斜长岩月壳与月海玄武岩的喷发活动。

具体形成过程被推断为两个分化的星胎相互碰撞(图3－12a)。大的星胎的质

图3－12　月球形成的大碰撞分裂说
注:图中月球与地球的距离未按比例。

量是小的4倍。碰撞之后(图3-12b),两个星胎的核结合在一起,它们的地幔也混合在一起,同时有些变成了碎片,部分壳幔蒸发并且分散开来,在地球引力作用下呈盘状分布在地球外围形成了一个环(图3-12c)。有些碎片回落到了地球上,但是余下部分在自身的重力作用下聚集起来,在新生的地球周围形成了稳定的轨道。依靠这些物质,熔融的月球形成了(图3-12d)。月球随后冷却,并且分异出自己的壳和厚厚的月幔以及一个小型的核。其后月球遭受了撞击,形成了一些较大的撞击坑。这些撞击引发了玄武质岩浆的喷发,从而形成了月海(图3-12e)。后来,月球的轨道逐渐衰退,使它逐渐远离了地球(图3-12f)。

近几十年来,科学家们一直没有完全肯定月球究竟是否是因撞击形成的。能够证实撞击假说的最有力的证据,就是分析地球和月球上各自所含有的氧-17与氧-16的同位素比率。如果两者存在差别,就可以证明两者并非同一起源。德国哥廷根大学的研究团队采用一种非常灵敏、先进的技术分析了由20世纪60~70年代阿波罗飞船带回的月岩。结果显示,月岩的氧-17与氧-16的同位素比率,确实与地球岩石存在差异。美国《科学》杂志2016年9月6日刊登了这项最新研究的成果。哥廷根大学的丹尼尔·赫瓦茨说:"(两者)差异很小,难以察觉,但的确存在。我们现在有理由相信大碰撞发生了"。

3.6.2 月球的演化模式

综合月球内部构造形成与演化的过程、各种热历史过程以及月球物质演化的时间序列等,月球从形成至今的演化历史可综合为如下6个阶段,依次为月球的形成阶段,月球的早期熔融阶段,月球的区域熔融与高地形成阶段,月海形成阶段,月海玄武岩喷发阶段,月球晚期演化阶段。

1) 月球的形成阶段:距今45亿年

凝聚形成地球和月球的星云物质,大约距原太阳的距离为1AU。

月球物质凝聚的温度约为1 350℃,压力约为lPa,也可能是650℃、1 000Pa。在高温低压的太阳星云中,许多难熔的微量元素及化合物如Os(锇)、W(钨)、ZrO_2(二氧化锆)、Re(铼)、HfO_2(二氧化铪)、REE(稀土元素)、Sc_2O_3(氧化钪)、Mo(钼)、Ir(铱)、Ru(钌)、V_2O_3(二氧化钒)、Ta_2O_5(五氧化钽)、ThO_2(二氧化钍)等,产生了分馏凝聚;难熔元素形

揭秘篇

成刚玉(Al_2O_3)、黄长石($Ca_2Al_2SiO_7$)、钙钛矿($CaTiO_3$)、镁硅钙石($Ca_3MgSi_2O_8$)、尖晶石($MgAlO_4$)等矿物。正是由于月球是太阳星云早期高温凝聚过程的产物,因而月球的成分富含难熔元素,月球内部可能更富含难熔元素。

一种观点认为,在太阳星云的金属－硅酸盐分馏及挥发元素凝聚阶段,月球中这些元素的含量低于球粒陨石,因而月球的组分中贫铁和贫挥发性元素;另一种观点认为,月球也可能是在冷的太阳星云物质中凝聚形成,因而内部也可能富含铁和挥发性元素,而表面富含难熔元素。

月球演化的能量来源与能量分布:初始热能是月球凝聚过程中由位能转变产生的,初始热能约为$1.26×10^{29}$J;太阳星云物质收缩而产生的重力能可使月球内部温度增高1 100℃(假设没有热的失散下);短寿命放射性同位素^{10}Be(铍－10)、^{126}A、^{136}C、^{247}Cm(锔－247)、^{60}Fe、^{129}I(碘－129)、^{237}Np、^{244}Pu(钚－244)等的核转变能极为巨大,若在封闭状态则足以使月球物质全部气化;长寿期放射性元素^{238}U、^{232}Th、^{40}K的衰变能也极为巨大。

2) 月球的早期熔融阶段:距今44亿年

月球形成时由于太阳星云物质的收缩凝聚,短寿命放射性元素的衰变能、某些重核(^{244}Pu、^{247}Gm、^{235}U)及超重元素的裂变与衰变能、宇宙物质坠落的能量等,使月球受到强烈加热。

月样中低的Rb(铷)/Sr比和K/U比表明月球形成期间产生过高温分馏过程。根据各种热历史的研究结果,早期月球曾发生过多次局部熔融。

月球岩石、月壤的模式年龄为45亿年,说明月球早期的熔融过程也发生在45亿年前。

月球表部物质熔融,产生岩浆分离作用,形成高地月壳的斜长岩,原始高地月壳可能被后期的宇宙物质撞击并产生最古老的撞击坑。

若月球是快速的凝聚过程形成的,月球初始热能足以使月球表面400km深度以上的物质熔融。

月表具有局部的强磁场,一些观点认为这可使月球经过高温熔融形成月壳,再由外部强磁场引起岩石的剩磁,也有认为是由于撞击作用导致的局部磁场。

3）月球的区域熔融与高地的形成：距今40亿~44亿年

距今41亿年前，月球产生了第一次规模较大的岩浆活动，通过岩浆的分离作用，形成了斜长岩的月壳。

距今40亿年前，月壳局部重熔，形成非月海玄武岩，即富含放射性、难熔元素的岩浆活动，也可能是由于富含斜长岩的月壳的重熔、变质或重结晶而形成。

根据演化的带状熔融假说，原始月壳的成分不均匀，外层富含难熔元素，而内层含有更多的铁－镁质与挥发组分。

高地斜长岩的地球化学特征（Al_2O_3含量较高，KREEP岩的组分变化大；高地岩石与月海岩石成分明显不一致；高地岩石与原始太阳星云物质——假设为I型碳质球粒陨石成分差别较大等特征）是由月球凝聚后的熔融和元素的分离作用、晚期堆积作用，甚至包括凝聚前元素的分离作用等过程的综合作用所形成。

频繁而强烈的撞击作用使早期形成的高地月壳遭受过多次变质。

月球与地球距离的变化使月球旋转偏率发生变化，并有可能产生南北向压力，从而产生了X型断裂。

高地月坑的密度比月海高20倍，一方面表明高地月壳早于月海形成，另一方面说明在月海形成之前就发生过大量的撞击事件。

4）月海形成阶段：距今39亿~41亿年

由小的天体、彗星或大型陨石撞击月表，开凿形成月海盆地（大型环形构造），雨海事件大约是直径100km的小天体坠落月表而形成的。

由雨海事件产生的弗拉摩罗玄武岩的Rb－Sr内部等时线测定的年龄为39.5（±0.4）亿~41.5（±0.1）亿年，角砾岩为39.5（±0.4）亿年，充填雨海的玄武岩为38.7亿~38.9亿年，推断雨海事件的年龄为39亿~40亿年。

根据各月海及其岩石测年的研究结果，月球上的主要月海是在相近的时期内形成的。

月海盆地的成因目前尚无统一的意见，有的认为是当月球被地球捕获后月球轨道向后退期间，由于月球曾靠近过地球，产生大量的潮汐物质，近月球的这些物质大量坠落在月表上，冲击开凿形成月海。也有人认为是由构造陷落而形成月海，更多人

揭秘篇

认为是由撞击作用形成月海,后来又被喷发的玄武岩岩浆所充填。

5)月海玄武岩喷发阶段:距今31亿~39亿年

月球的正面有大量的月海盆地,盆地上充填着月海玄武岩;月海玄武岩是距今31亿~39亿年间月球产生的第二次大型岩浆活动形成的。

根据月海玄武岩FeO与MgO的含量特征,月海玄武岩可分为3类:低镁玄武岩、富橄榄石的高镁玄武岩及过渡型富铁玄武岩。

根据月海玄武岩的同位素分析,至少有5次月海喷发活动;月海玄武岩充填的顺序大致依次为:雨海西→雨海东→湿海→危海→雨海→静海→丰富海→橙海→风暴洋。

每一月海中的玄武岩可能有多次喷发。

月海玄武岩是由月球外层约500km处的大规模的熔融或局部熔融形成的。

6)月球晚期演化阶段:距今31亿年以后

距今31亿年以来,月球的面貌特征已基本形成,月球的地球化学演化处于"停滞"状态;某些晚于月海的月表单元开始形成,如辐射月坑。这一阶段也可能发生过大量由陨石撞击引起的火山活动和地球潮汐作用引起的月震。

根据月岩的K－Ar(钾－钲),U－He,Pu－U－Xe气体保留年龄及月海、高地月壤的U－Pb多阶段型的测年研究结果:距今20亿年前,月球曾经受到过一次重大的加热过程,但迄今尚不明其原因。

各种辐射月坑如爱拉托逊式辐射月坑、哥白尼式月坑都在这一时期形成,它们都是撞击作用的产物。这一阶段还可能存在局部的小型岩浆活动,如链状月坑的形成可能就是小型岩浆活动所致。

在宇宙物质的不断撞击下,月表发生缓慢的削蚀作用,导致产生了覆盖月面的月壤。

月球自身的运动比地球的运动更加复杂,这是因为月球在绕地球公转的同时还有复杂的自转。除了自转外,月球还有其他的运动方式,导致它除了有大家耳熟能详的月相变化外,还有很多不为人知的特点,比如中心差、月行差、二均差等。这些特点反映出月球的运行轨道、运行周期和运行速度都在不断变化,其中对人类影响最大的运动,当然是月球的自转和绕地球的公转。前者导致月球总是以同一面对着地球,后者则成为各种历法定时的重要依据。

3.7 月球的几个秘密

3.7.1 月球的"四重转"

月球有绕自身的自转轴进行的自转和绕地球的公转,地球又绕着太阳公转,太阳又在银河系中公转。因此,月球的每一转,也都是这4种转动复合而成的极其复杂的"四重转",远比地球的运动更加复杂。除了这种由多重形式复合的运动外,月球还有由月球轨道的离心率造成的轨道速度变化,即所谓的天秤动,以及月球轨道(天文学中称作"白道")与地球黄道面交角的变化等导致的运动形式,造成所谓的中心差、出差(读作ca)、二均差、月行差和视差等多种效应。加上还有月球因地球引力作用造成的潮汐锁定现象,使我们至今无法对月球的运动作精细准确的预测和判定。

从图3-13中可以看到,由于地球的自转,月球绕地球公转一周走过的空间轨迹不是一个封闭的圆形,而是一条开放的波状曲线。

下图所表现出来的月球绕地球公转的轨迹不是正圆而是一个椭圆,其偏心率是

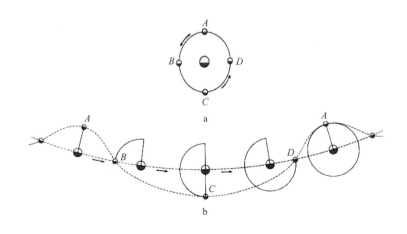

图3-13 月球绕地球公转轨迹示意图

a.月球绕地球公转一周示意图;b.月球绕地球公转一周的实际轨迹

揭秘篇

1/18。换句话说,如果以18cm为长轴来画出月球的公转轨道,那么这一椭圆的两个焦点之间的距离只有1cm。因为轨道不是正圆,所以月球在绕地球运动的过程中,和地球之间的距离也是在不断变化的,在远地点,这一距离大约是40.5万km,在近地点,变成36.3万km,平均距离为38.4万km——所以欧阳自远院士才计算出能用在北京修2km地铁的钱,修一条38万km的"地-月快线"呢。

由于月球与地球之间的距离时远时近,所以发生的月食也有(月球被地球完全遮挡的)月全食和(留下边缘未挡住的)月环食(图3-14)之分。

3.7.2 潮汐锁定:月球为什么总是"犹抱琵琶半遮面"?

自古以来,人们就发现月球总是以固定的一面对着地球,而另一面始终不见。这一现象产生的根本原因就是所谓的"潮汐锁定"。

图3-14 月环食

注:《时代》杂志评出的2015年度最佳太空照片。

月球各点到地球距离不等,受到地球的万有引力也不相同。这个不同的引力差就是所谓的潮汐力(地球给月球的潮汐力)来源。由于面向地球的地方受引力大,背面受引力小,于是月球就会在这个不均匀的引力作用下发生应变,被"拉变了形",使月球外形不再呈理想圆形,而是微微向地球方向凸起。反过来,地球也会在月球的潮汐力影响下,整体形态不断地凸起和凹下,引发我们常见的海洋潮汐。其实在地球的陆地部分也会出现同样原因引起的潮汐形变,只是因为固体变形的幅度太小,我们感觉不到而已。

图 3 - 15 中浅色小椭圆显示太阳引力导致地球发生的变形效应,深色大椭圆是月球导致的变形效应。在这两种效应的共同作用下,地球的表面形态会周期性拉伸和压缩成不同相位的椭圆,同时出现涨潮和落潮现象。

问题是,月球为什么总是"犹抱琵琶半遮面"呢?

从直观上看,月球总是以同一面正对着地球,是因为月球的自转速率和公转速率相同,但这一现象的发生,并非是从地 - 月系统形成以来就始终存在的,而是在长达数亿年甚至更长时间的演化过程中逐渐形成的。

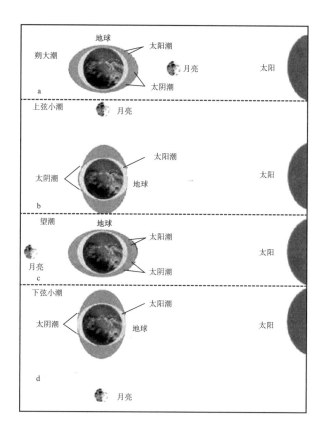

图 3 - 15　地球潮汐的成因与周期
注:从上往下,4 个小图中月球相对于地球的位置是不同的。

在地月系统形成的早期,月球自转比现在快,正面和反面都有机会轮流面对地球。在这种情况下,随着月球以不同的位置正对地球,月球受地球引力影响而变形凸起和凹进的部位就像我们在日常生活中揉面团一样,也在不断改变。这一现象对月球产生的直接影响就是导致月球内部的岩石之间会因"揉来揉去"的变形而产生相互间的挤压、拉伸和摩擦,使月球的质心位置随之不断发生改变,结果月球的转动能在摩擦下也因为不断变成热能而衰减,使月球自转减速,直到月球自转的速率减到和公转速率一致时,月球可以固定地用一个半球对着地球,月球内部的岩石才不再因此而相互搓揉和摩擦,月球内部的这种应变才会停止。此时月球的转动能不再继续(因内

揭秘篇

部摩擦)转换成热能,我们就称月球相对地球而言完成了潮汐锁定。其结果也就一手造成了月球从此永远以固定的一面对着地球,即"犹抱琵琶半遮面"的现象。

这个过程其实也同样发生在太阳和地球之间。只是由于日－地之间的距离太远,太阳对地球的潮汐力远小于月球产生的潮汐力,所以太阳对地球至今还没能完成潮汐锁定。但月球和太阳对地球的潮汐影响仍然共同导致地球上出现的海水和陆地上的周期性潮汐现象,不断改变地球的质心,使地球的转动能转化为海水与岩石的摩擦热。随着这一过程的不断延续,地球自转也已经比远古时候减慢了许多。照此发展下去,将来总有一天,地球的自转和公转也会同步,从而出现地球一面永远正对太阳,另一面永远见不着太阳的情况。而到那时,一面因永远正对着太阳而遭受永远的日照和酷暑,另一面则处于永远的黑暗与严寒之中,地球也就不再是最适宜人类居住的理想家园了。

通常在一定的时间内,只有卫星会被其所环绕的更大天体完成潮汐锁定,如果两个天体的物理性质和质量的差异都不大时,各自都会被对方潮汐锁定,这种情况发生在冥王星及其卫星卡戎之间,使得在冥王星上永远只有一面能够看到卡戎(图3－16),反过来也一样。这就像用一根竹签两头各串着一颗糖葫芦,或者像运动员扔链球那

图3－16 冥王星及其卫星卡戎(NASA,2011)

样,两颗糖葫芦,或运动员和链球在同时旋转时,两者之间的距离和方向都是相对固定的,所以始终都以同一面互相面对。单向锁定时,类似于运动员站立不动,而只有链球环绕运动员身体(换手)旋转。这时两者之间的距离虽然没变,但方向却在变化:链球的一面永远对着运动员,而运动员则时而以正面对着链球,时而以背面对着链球。后面这种情况就是月球和地球之间现在的单向潮汐锁定。

3.7.3　地球拥有多少个"月亮"?

　　月球(moon)的天文学定义是环绕地球轨道运行的天体。按照这个定义,除了我们熟知的月亮以外,地球还拥有其他"月亮"。其中第二个月亮是一个最近发现的名为Cruithne的小星星,它原是一颗在太空"任性"飞行的小行星,因受到地球和太阳的引力作用而进入地球轨道,成为除月球以外地球的又一颗天然卫星——一个"迷你月亮"。Cruithne的直径只有3km,环地轨道呈偏心圆形,要770年才能环绕地球一次。预计在这个轨道上,Cruithne还能最少环绕地球运行5 000年,然后可能重返它的故乡小行星带(图3-17)。

　　除了Cruithne以外,还有一些其他小天体,也成为地球周围一般情况下看不见的

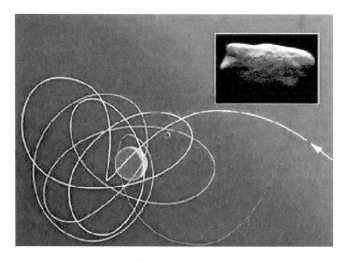

图3-17　计算机模拟的Cruithne环地轨道

注:从图中可以看出这一轨道并非单一封闭的环形,而是一条杂
乱无章的不重复的曲线。

揭秘篇

迷你月亮,它们的存在证明地球其实并不孤单。迷你月亮主要来自火星和木星之间的小行星带,由于某种原因而脱离小行星带,进入了地球引力的控制范围。但是迷你月亮并没有完全被地球引力所控制,只是陷入了地球引力场中,若干年后还有可能重回小行星带中。

夏威夷大学的罗伯特博士提到,在2006年时他对迷你月亮就有所发现。他使用一台超级计算机来模拟过去1 000万年内地球周围小行星的轨道情况,发现了1.8万个潜在的小天体。最后他给出的结论是在任何一个给定的时间内,地球周围都至少有一个直径大约为1m的迷你月亮存在。2006年,亚利桑那州大学的学者卡特琳娜在作巡天观测时发现了一颗迷你月亮,大小接近一辆汽车,被命名为2006RH120,但这颗迷你月亮在不到一年的时间内就脱离地球轨道而进入到绕日轨道了。

4 展望篇

地球是人类的摇篮，
但人类不可能永远
躺在摇篮里。

"嫦娥"奔月(第二版)
"CHANG'E" BENYUE

100年前，苏联火箭之父齐奥尔科夫斯基的最大梦想就是跳出地球，遨游太空。600多年前，中国的"火箭"之父万户因同样的梦想而献身。2007年10月，我国自行研制的绕月卫星嫦娥1号，承载着中华民族5 000年的期盼，奔向了令人魂牵梦萦的月球。随后，嫦娥2号、嫦娥3号、嫦娥4号和嫦娥5号相继发射，中国人终于可以"近在眼前"地，从前到后、从"头"到"脚"、仔仔细细地看看月球究竟是什么模样了。那就让我们追随着嫦娥工程的轨迹，看一看她到底会给我们带来些什么新的感受吧！

4.1 嫦娥工程的推进轨迹和中国的探月任务

4.1.1 准备与启动

在经历了近10年的精心准备和反复的科学论证后,2003年3月1日,中国的月球探测工程——嫦娥工程经国务院批准正式启动。在"两弹一星"(原子弹、氢弹、人造卫星)和"载人航天"计划的成功实施之后,成为我国航天科技领域的第3个里程碑。

4.1.2 质疑与妙答

在论证阶段和工程启动之初,有人质疑在美国和苏联20世纪60—70年代已经取得了探月的辉煌成就之后,我国为什么还要再去重复探月。嫦娥工程首席科学家欧阳自远院士就此曾作过一个风趣而睿智的回答,他说:"我们中国人有一句俗话,说是叫花子过年也要放三天鞭",以示喜庆。其实嫦娥1号给我们带来的欢乐与鼓舞何止于此! 承载着中华民族5 000年期盼的嫦娥工程的实施,不仅意味着中国从此成为国际航天俱乐部的重要一员,而且这更是我国经济实力、科技水平和航天力量的一次全面展示和检验,由此也对众多相关的科技和经济等领域产生了重大的推动作用,其深远的影响无论怎么评估都不过分。就拿美国20世纪60年代的登月工程——阿波罗工程来说,正是因为那一次为人类登月所做的相关努力,才有了今天遍及世界各个角落,并深刻改变了人类生活的PC计算机。想一想如果今天没有计算机,世界会有怎样的不同? 在缜密论证和精心设计的前提下,嫦娥工程的全部费用仅14亿元人民币,远低于美国和苏联的同期水平,只相当于在北京修建2km地铁的费用。用2km的地铁路程来弥合38万km(地 – 月平均距离)的太空距离,怎么看,也算得上是一个精致而巧妙的构思吧!

4.1.3 目标与任务

2000年11月,在《中国的航天》白皮书中就已经初步确立了我国月球探测目标的

展望篇

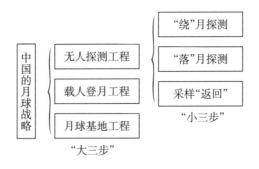

制定原则，那就是突出特色，填补中国在月球探测领域的空白，为人类建立月球基地增添新的科学依据，同时还应该尽量避免重复其他国家已做过的工作。在这一总体思路的指引下，嫦娥工程的工程目标很快就确定下来，并被简化和浓缩为今天众所周知的三个字："绕、落、回"，分别指的是绕月探测、月表就地探测和月球（机器人）采样返回。相应的科学目标却历经争议，颇费了一番周折。经过多次修改完善后，才确定了嫦娥1号的四大科学目标，即获取月球表面三维影像，分析月球表面有用元素含量和物质类型的分布特点，探测月壤厚度，探测地－月空间的环境。这也就是我们通过嫦娥1号到嫦娥3号传回的数据中看到的月球景象。

和国外已经完成的探月工程相比，我们的"眼光"或科学目标也许还有一定差距，但并非毫无新意可言。比如，嫦娥1号精细地探测了月表的几乎每一寸土壤，从而获得了关于月壤的全球分布信息，以便科学家精确估算蕴藏其中的^{3}He的总体储量，为今后月球的能源开发奠定坚实的前期基础。仅这一点，就是一个意义深远的重要创举。在其他方面，嫦娥1号也有效地填补了我国相关领域的众多科技空白，极大地拉近了我国和国外先进水平之间的距离。

4.1.4 计划与实施

从嫦娥1号到嫦娥5号，嫦娥工程的实施与完成，仅仅只是中国探月计划的起步。要全面实现我国对月球探测、开发、建设和利用的全部宏伟蓝图，需要几十年甚至更长时间的艰苦奋斗和卓绝努力。时间的漫长和奋斗的艰辛，是航天科技领域的最大特色。为此，我国科学家提出了一个"大三步"和"小三步"的完整月球战略（图4－1）。

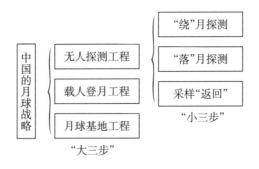

图4－1 我国专家提出的中国探月三步走战略

上图中,我们可以看到所谓的"大三步"是指①月球无人探测,由嫦娥工程分步实现;②月球载人探测,将在十年左右时间内,另立专项完成;③月球基地计划,已经开始了预先基础研究。而"小三步"则是指月球无人探测——嫦娥工程,计划要依次实现的3个工程目标,也即今天公众已经耳熟能详的"绕、落、回"。到现在为止,我们高兴地看到中国的航天科技人员小试牛刀,使第一回合的"小三步"圆满完成。相信在嫦娥工程之后,我国新的探月计划乃至载人登月计划也会如期而至。

4.1.5 回顾与小结

从2004年公布我国的嫦娥工程计划后,中国的航天人就开始一步一个脚印地向前迈进。2007年10月24日18时05分(UTC+8时)左右,完全由我国自主研制的嫦娥1号卫星在西昌卫星发射中心如期升空,进入月球轨道。按照预期目标,在获取月球表面新的三维立体影像、分析月球表面有用元素的含量和物质类型的分布特点,探测了月壤厚度和地球至月球的空间环境之后,于2009年3月1日撞向月球预定地点,胜利完成了其使命。嫦娥工程一期任务随之宣告结束。

2010年10月1日18时59分57秒,作为嫦娥工程二期技术先导星的嫦娥2号卫星,在西昌卫星发射中心成功发射升空并顺利进入月球轨道,完成了一系列工程与科学目标,获得了分辨率优于10m的月球表面三维影像、月球物质成分分布图等资料。从2011年4月1日起,嫦娥2号余兴未尽,继续展开拓展试验,又完成了进入日-地拉格朗日L2点环绕轨道等延伸试验。此后嫦娥2号飞越小行星4179(图塔蒂斯),成为太阳系的一颗人造小行星,围绕太阳作椭圆轨道运行。

嫦娥3号探测器是我国第一个进行月球软着陆的无人登月探测器,由月球软着陆探测器(简称着陆器)和月面巡视探测器(简称巡视器,又称玉兔号月球车,英文:Yutu或Jade Rabbit)组成。

嫦娥3号探测器于2013年12月2日在中国西昌卫星发射中心进入太空,经过12天的太空飞行,于当月14日着陆于月球正面的雨海西北部,15日完成着陆器巡视器分离,并陆续开展了"观天、看地、测月"的科学探测和其他预定任务,创造了迄今为止人造探测器在月工作的最长时间纪录。其拍摄的月面照片是人类时隔40多年后首次获得的最清晰月面照片,取得了丰硕的月面就位探测成果。2016年8月4日,嫦娥3号

展望篇

功成身退,嫦娥工程二期任务如期完成。

2017年6月在北京举行的全球航天探索大会(GLEX2017)上,中国首次公布了探月三期工程总体方案。按照计划,嫦娥5号将于当年底前后由长征5号运载火箭发射,着陆在月球正面西北部的吕姆克山脉,同时开展相应的科学研究,并将实现月球表面自动采样返回。

然而"天有不测风云",和其他国家的前期尝试类似,嫦娥工程的推进也并非一帆风顺。2017年7月计划用来运送嫦娥5号探测器的长征5号火箭在升空后因技术原因而未能进入预定轨道,遭到了一次发射失败的挫折。事后相关机构和研发人员立即进行了事故分析,最终查明导致这次失败的原因不是设计差错,而是因为YF-77发动机上的一个制造瑕疵,因此,解决它并不是一个无法攻克的技术难题。

这次意外也使探测工程计划做出了调整:新的计划定于2018年内发射嫦娥4号,到月球背面实施首次人造探测任务。在解决发动机制造瑕疵后,最终决定于2020年底前再度择机发射嫦娥5号实现月球软着陆,在完成预定任务后,再取样返回(图4-2)。

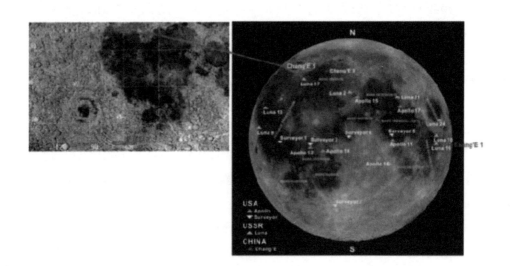

图4-2 嫦娥5号着陆点

4.2 新世纪的探月热潮

由前面的介绍可以知道,我国的嫦娥1号既不是一个心血来潮的"面子"工程,光花钱,不办事,也不是一个超然于国际社会的孤立行动,前无古人,后无来者。放眼当前的世界航天领域,嫦娥1号所完成的中国绕月工程不过是国际社会新一轮探月浪潮中一个振聋发聩的前奏而已。在中国的绕月工程实施前后,欧盟、日本、印度等国,也都在新世纪之初相继公布了自己的探月计划,美国总统小布什更是在美国的新太空计划报告中,雄心勃勃地宣布:美国要在2018年前"重返月球",建立永久性的月球基地。此话一出,俄罗斯宇航局立即宣称:俄罗斯有可能参加美国的月球基地建设计划,但俄罗斯决不会屈居于美国人之下,也不允许美国人独霸月球。一时间,新一轮探月浪潮成为人们热议的焦点。月球上那"只恐琼楼玉宇,高处不胜寒"的冷漠与荒凉,也阻挡不住当今国际社会前赴后继再次探月的热情。人们不禁要问上一句:这到底是为什么?

我们的回答是:除了对未知世界不断探索的渴望之外,还有更多和更复杂的原因。归纳起来,大概不外乎以下几条。

4.2.1 政治影响

月球探测不仅需要集成大量最尖端的技术成果,而且需要极其雄厚的资金支持,被公认为是一个国家科技水平和经济实力的重要标志。比如原美国总统小布什亲自宣布的重返月球计划,总预算超过1 000亿美元,接近1万亿元人民币。没有雄厚的经济实力,几乎想都不用去想。能够加入国际"探月俱乐部"的国家,在国际社会交往中,自然也就会更加受人尊重,拥有更多的话语权。从这一意义上讲,月球探测工程几乎就等同于国家实力的代名词。20世纪70年代曾流传过一则佚闻,说美国前国务卿基辛格问周恩来总理,为什么中国人不计划登月,周总理回答道:"我们地上的事情都做不完,何须登月。"一问一答,基辛格有心自夸,周总理不卑不亢。30年后,中国成功实施嫦娥工程,不仅圆了中华民族5 000年的夙愿,同时也向世界表明,今天的中国

展望篇

已经既有能力，也有实力做我们想做，并且值得去做的任何事情了。

4.2.2 科学价值

月球是研究空间科学、天文学、地质学、信息科学、遥感科学、材料科学与生物工程等众多学科的理想场所。尤其是对月球和地球的相关研究来说，更是如此。从月球的演化历史来看，大多数今天在地球上还可以看到和正在进行的地质过程，在20亿年前的月球上就已经基本停止并且保存下来，因此看今天的月球几乎就能推断20亿年前的地球大致处于什么状态（今后在这套丛书中的《火星快车》一书中，我们还会提到火星的今天有可能像是20亿年以后的地球）。这显然有助于人类对地球起源及演化的深入研究。而有关月球的形成过程、月球的早期演化、月球矿产的形成与分布特征、月球圈层的形成与演化，等等，其结果也都可以和地球进行对比分析。近距离的亲历亲见，能够更加清楚地看看月球与地球之间究竟有什么异同，无疑可以帮助人们更加深刻地认识和了解我们居住和生活的地球。此外，月球环境与地球明显不同，如月球表面几乎没有大气层，也没有全球性的磁场；在月岩中只有极微弱的剩磁，内部的温度梯度也很小；月球内部能量已近于衰竭（月震释放的能量仅相当于地震的亿分之一），地质构造极其稳定；月球背面不受地球无线电波干扰；月球表面还具有高洁净和低重力的特征等，不一而足。因此，在月球表面建立月基天文观测站，技术要求比哈勃空间望远镜低，而精度要求却高得多。如果需要建立某些特殊的研究和生产基地，月球就是一个天然的无菌、无尘实验室。许多在地球上难以奢望的条件，在月球上不费吹灰之力就可以达到，这些都使月球成为科学研究和特种生产的理想基地。

4.2.3 资源宝库

月球上丰富的资源，将对人类社会的可持续发展产生深远影响。我们知道，20世纪中叶以来，世界范围内曾多次爆发过能源危机。几次中东战争的背后，都可以清楚地看到争夺石油的影子。有一种估计说，以目前的开采速度，全球范围内的石油储量大约不到30年就有可能全部开采一空。因此，寻找新的替代能源就成为一个不再遥远却十分紧迫的话题。恰巧月壤中有一种叫作^{3}He的丰富资源，有人估计如果能够得到证实并突破相关技术而开发出来，将足以解决我们的后顾之忧：一是以现在的能耗水平,大约只需要8t左右的^{3}He就足以提供中国一年所需的全部能量,全世界一年也只要100t左右;二是不会产生放射性污染,对环境保护更为有利。更充满吸引力的是,月球上的^{3}He据估计有100万~500万t(地球上全部的^{3}He加起来仅仅只有500kg,只够中国人用上3个星期左右),如果确实如此,将足够全人类用上1万~5万年。想想从工业革命到现在才几百年的时间,我们已经把地球储存了数亿年的石油都差不多用光了,相比之下,月球是一个多么巨大的能源宝库!对于处于能源危机的阴影威胁之下的人类而言,月球^{3}He的存在,仿佛就是一笔意外飞来的"横财"。

当然,如果探测结果表明,如果月球^{3}He的储量并非如预期的丰富,也可以为人类今后的能源科技发展方向提供有益的启示,能使人类在新能源的探索途中,摒弃侥幸拨正方向,少走弯路。这同样是有重大价值的探求成果。

4.2.4 提升技术

月球探测工程是一项多学科与高新技术综合集成的系统工程,实施这样的重大科学工程,将带动信息技术、新能源技术、新材料技术、微机电技术、遥感技术、通信技术、精密制造技术、生物技术和自动控制技术等其他高新技术的创新和变革。美国的阿波罗登月计划历时10年,有2万多家企业以及200多所大学和研究机构参与其中,其科研成果带动了美国20世纪60—70年代计算机、通信、测控、火箭、激光、材料和医疗等高新技术全面和持续的发展,把美国乃至全世界的科技水平都提到了一个全新的高度。环顾当今世界,还会有多少其他的科学活动或人类工程能够做到如此?

4.2.5 拉动经济

月球探测工程对经济发展的促进是同样巨大且显而易见的。通过对相关航天探测技术的消化、优化和二次开发,可以带动众多经济产业的发展与普遍的工业繁荣。据估算,美国20世纪的探月工程每投入1美元大约可以产生4~64美元的经济回报,带动数以千计的新兴科技产业,成为拉动国民经济的领头羊。也正是由于看到月球探测工程带来的以上诸多方面的效益,各个有航天基础和能力的国家才会竞相开展以月球探测为重要目标之一的航天工程。

总而言之,新世纪探月热的真正原因,还可以用原美国总统小布什在美国新太空

展望篇

计划中提出的三大战略目标来加以概括，即"主导空间科技，控制潜在能源，保持军事领先"。这既可以看成是各国追求的相同目标，也是新世纪月球探测再次蓬勃兴起的根本所在。

事实还不仅如此，相比于20世纪的月球探测，今天的月球探测活动更加富有新意和生机，同时也有了更多的实用性考虑。在人们对月球有了初步的了解和认识之后，月球基地、月球宝库、月球工厂、月球旅行乃至月球"跳板"等，都成为人们渴望实现的下一个目标。相关的探索在紧锣密鼓地推进，许多不可思议的奇思妙想也应运而生。我们不妨继续静观其变，看看人类对月球探测的成效和今后的月球开发前景，到底有哪些值得动心的展望。

4.3 月球基地

4.3.1 建设月球基地的意义

如前所述，以月球为基地，可以更好地进行空间科学、天文学、地质学、信息科学、遥感科学、材料科学与生物工程等科学研究，还有助于人类更多地了解月球、地球及太阳系起源和演化等重大的科学问题。此外，由于月球具有的几乎无大气层、无磁场、弱重力场和稳定的地质构造等特征，所以从月球上发射飞向火星等星球的深空探测器也比在地球上容易得多。因此，未来的月球不仅可以作为一个天然的太空发射平台，还是一个理想的太空探测跳板。又由于月球稳定的构造特点以及月球自转与公转周期相同等因素，在月面上可以持续进行14个地球日的夜间观测。因此，月球还是理想的对天观测站和对地监测站。月面观测网不但可以进行全方位持续的天文观测，同时还可以对地球的地质构造及环境变化、人类活动及重大灾害进行监测与对比研究，特别是对近地空间乃至深空小天体对地球可能构成的威胁进行监测与防范。一旦发现有小天体（如陨石、彗星等）向地球方向运行并可能撞击地球时，可及时利用激光或其他武器予以摧毁或改变其运行方向，从而起到保护人类的作用。而要实现所有这些设想，都可以通过一个共同的前提来实现，那就是建立月球基地。

迄今为止，针对不同的意图和愿望，人类已经提出的月球基地模型林林总总，令人目不暇接。限于篇幅,我们只介绍几种有代表性的设想。

4.3.2　永久月球基地

最早的月球基地计划要前推到1992年,美国的肯特·乔斯滕提出的"首个月球基地"(FLO)概念。基地由太阳能提供能源,并可重复使用,它的主要用途是科研、月球探索和试采月球资源。同年美国休斯敦航天中心负责人温德尔·门德尔进一步提出了基地建设的日程安排和具体措施,他建议1997年发射卫星选择基地地点,2005年开始施工,微波硬化处理地基。然后将21根直径6m,长18m的巨型管道,组成3个等边六角形,六角形中用高压充气建立18m高的巨大圆舱,人员设备皆可容纳在管道或圆舱中。此后,基地将开采利用月岩和月壤中的资源,制取生活必需品,为进一步月球探测和开发打好基础。

一直到2006年,NASA在经过了十余年的研究后,才正式公布了关于在月球修建基地的"最佳方案",即永久月球基地。和早期基地模型最大的区别是,这一基地建成后,最终将可支持航天员在月球上驻留、生活180天。据说这也是现阶段人类可以在太空裸露环境下生活的最长期限。

永久月球基地的工程建设将分为4个阶段进行。

第一阶段:在人类重返月球计划开始之前,国际宇航界将以广泛合作方式,做一系列的准备工作,其重点将是在2008年发射月球勘测卫星,把月球表面情况详细地拍下来,精心选定着陆地点。

知识链接　哪里适合建设月球基地

永久月球基地的建设关键之一是寻找合适的"立锥之地"。位于月球南极点的沙克尔顿火山口(Shackleton crater)边缘备受关注,被认为是最合适的地点之一。这是因为月球公转轨道的角度因素,这一地点几乎不分白天黑夜,永久受日光照射,从而可以使月球永久基地获得足够的太阳能。此外,月球南极还拥有丰富的矿产资源,可以满足今后进一步开发月球的需要。

展望篇

147

第二阶段：重返月球的登月飞船将首度试飞，时间预定为2009年。

第三阶段：NASA的新一代载人航天器"猎户座"号将升空，但不在月球上着陆，时间预定在2014年。

第四阶段：由4名航天员组成的人类重返月球小组首次在月球上着陆，开始着手永久基地的建设，时间定在2020—2024年。

2024年之后，基地（月球村，图4-3）完全建好，航天员每次能在月球上待6个月。此时，基地足以让航天员们过上舒适的生活：电力、饮用水自给自足，连新鲜的蔬菜都可以培植出来。

图4-3　未来的月球基地假想图之一

4.3.3　移动式月球基地

与固定式的永久月球基地对应，还有人提出了移动式月球基地的建设设想。

目前，位于加州的NASA埃姆斯研究中心已成功研究出一种移动式月球基地的设计模型（图4-4）。该中心专家科埃恩博士指出，移动式月球基地具有一系列优点，其中最重要的，也是与固定式基地最大的区别是：移动式月球基地不会固定在月球表面一个具体点上。借助于移动式月球基地，人们将可以进行范围更广、路程更远的科学研究。此外，建造移动式月球基地的费用将比建造固定式基地更低，这也使之比固定式基地具有更大的吸引力。

图4-4　移动式月球基地模型

传统的固定式月球基地模型最大的问题是将航天员的工作和生活局限在一个有限的小范围内,从而无法保证探测的机动性,为了保证航天员的安全外出和返回,还必须派专门的车辆接送他们。相比之下,移动式月球基地既可以协同工作,连接成特殊的"机动列车",也可以各自为战,分散进入各自的研究区域。这样一来,建造移动式月球基地既简单、实惠得多,又方便、有效得多,看起来大有取代还未"出世"的固定式基地之势。不过,研究月球移动式基地的设想暂时还处于起步阶段,在性能和功效上,也不如固定式基地完善。因此,到真正实施时,究竟谁能胜出,还难以下定论。也许为了不同的目的,出于不同的考虑,将来我们会看到这两种类型的月球基地先后出现在月球上,各司其责又协同工作的场景。

4.3.4　月球军事基地

1958年1月底,美国空军研究与开发中心时任主任布歇准将在华盛顿太空俱乐部的一次演讲中,明确提出了在月球上设军事基地的设想:在月球上建一个导弹基地,同时使之成为对苏联实施全面侦察的太空间谍中心。按布歇准将当时的设想,美国空军甚至可以把导弹阵地建在月球的背面,从而使苏联最先进的望远镜也观察不到。此外,如果美国抢先在月球上建成导弹和太空侦察中心的话,那么就能够打消苏联偷袭美国领土的野心,因为后者的一举一动可以被设在月球上的太空间谍中心观察得一清二楚。

展望篇

第二年即1959年6月，美国陆军也提交了一份名为《地平线计划》的报告，主题就是论证在月球上建立陆军基地的可行性问题。以威纳尔·万·布莱恩为首的一个陆军研究小组在报告中称，在月球上应该建立一个"可以保护美国在月球上潜在利益，可以对地球和太空实施侦察，可以承担军事通信任务和可以在月球表面进行作战的"永久性的美国陆军前哨基地。

月球军事基地的最大优势是：从月球上发射功率强大的太空武器和其他先进的武器系统，可以集中全部军力打击地球上对手的任何军事目标，而不用担心会受到敌人的反击（图4-5）。因为要从地球上发射导弹或者使用太空武器去攻击月球上的军事目标极为困难，而要从地球上派兵去攻打月球上的军事基地更不现实。因此基本上可以说，在未来战争中，谁抢占了月球这个"制高点"，谁就控制了地球战场。在这样的态势下作战，对方只有招架之功，而无还手之力。这无疑成为建立月球军事基地的最大诱惑和根本原因。

月球军事基地的基本结构件是一种直径为3m，长6m的金属大圆筒，组装连接起来后形成基地的核心结构。基地建筑物的外部有太空武器系统，在内部则分别辟出基地的指挥控制室、通信联络室、数据处理室和航天员的居住舱等（图4-6）。

问题在于，任何一个国家一旦独自建成月球军事基地，就将使当今全球军事力

图4-5　从月球基地上发射太空武器

图4-6　月球军事基地模型外观

量的对比产生严重失衡,形成一家独霸的局面,而这是世界上所有其他国家都会合力反对的。因此,月球军事基地尽管已经有周密的设计,能否付诸行动还不能下定论。但从另一方面来看,月球军事基地以其强大的功能,有可能转变成为未来人类应对重大地球灾害的一个临时性的指挥、控制和通信中心,一旦地球上的应急指挥、控制和通信中心被突发性灾害所摧毁,月球基地即可取代其功能,保证人员和物资装备得到不间断的指挥和调动,从而最大限度地减轻灾害的危害程度。唯有如此,军事基地才能发挥最大的作用,同时又能形成皆大欢喜的局面。

4.4 月球宝库

月球并非是一个不毛之地,它蕴藏着丰富的自然资源。现已初步探知,月壤和月球岩石中有40%的氧,30%的硅,20%~30%的铁、锰、钴、钛、铬、镍、铝、镁,以及5%的氢等100多种矿物资源,绝大多数都是人类十分需要的。更为引人注目的是,在月球表面厚厚的尘土里,还蕴藏着一种非常重要的清洁核能——^3He。这使月球成为一个巨大的资源宝库。

He是一种化学惰性气体,^3He是其同位素之一。宇宙中的He在数量上仅次于H而位列第二。但地球中^3He含量极少(研究认为只有区区的500kg),而月壤中却可能有人类1万年也用不完的储量(100万~500万t)。那么多的^3He是怎么在月球上聚集起来的呢?

月壤由被破碎岩石的粉末、碎屑、角砾和玻璃碎屑组成,其中大的颗粒可达到几厘米,最小的只有几十微米,整体结构松散且松软。其中月海区的土壤一般厚4~5m,高地的土壤较厚,但平均也就10m左右。月球土壤中占绝大部分的是细小的岩石角砾及玻璃碎屑,两者合计约占月壤的70%左右,其他小颗粒状的玄武岩及辉长岩粉尘约占13%。惰性气体在月球玄武岩和高地角砾岩中含量一般极低,然而,由于太阳风长期持续地注入,月壤中的亲气元素,特别是^3He的含量却相对丰富(所谓的太阳风,实际上是太阳不断向外喷射出的稳定的粒子流。太阳风粒子主要由氢离子组成,其次就是氦离子)。又由于月球上没有空气流动,大量的^3He因此得以保存下来,而且由于外来的太空物体对月球表面进行了数十亿年的反复撞击，对月壤中的各种物质进行了充分的搅拌混合，使得在深达数十米范围内的月球表层，相对均匀地分布着这种地球上极其稀有的元素，为期望中的开采提供了极其有利的工程条件。

有一种观点认为，即使考虑到月壤的开采、排气、同位素分离和运回地球的成本，^{3}He 作为能源的偿还比，估计仍可达到 250（相当于投入 1 元，可以收回 250 元的回报）。这个偿还比和铀–235(^{235}U)生产核燃料（偿还比约 20）及地球上煤矿开采（偿还比约 16）相比，是十分惊人的。此外，从月壤中提取 1t ^{3}He，还可以得到约 6 300t 氢、70t 氮和 1 600t 碳。这些副产品进一步提高了月球 ^{3}He 开发的效益，使得 ^{3}He 的利用价值更加被看好。

月球 ^{3}He 的发现和开发前景，不仅给月球研究和探测工作注入了新的"兴奋剂"，也给受到能源危机威胁的人类社会提供了新的选择和希望。但是，月球 ^{3}He 的开发和应用，还存在着大量目前难以解决的科技难关，还需要不断地探索与攻关。在从勘探、开采、提炼、反应直到最终利用的各个环节中，都需要针对月球上特殊的环境条件（遥远，寒冷，低重力，缺氧，缺水，等等）提出完善的方案。且不说 ^{3}He 的聚变反应需要几亿摄氏度的高温条件，即使是看起来最简单的挖土机，因为是在月球上工作，也变成了一个尚未解决的难题（图 4 - 7）。相信随着探月工程的逐步推进和深入，我们的科技水平也会随之发展，相应的问题将迎刃而解。也只有到了那个时候，我们才能真正地回答月球宝库到底能否和怎样被人类有效及合理利用的问题。

图 4 - 7　月球 ^{3}He 开发基地模型（和图中其他设备相比，可以看出月球挖土机模型是多么庞大。NASA 曾在全球范围内公开征集月球挖土机设计方案，这从侧面说明，即使是看似简单的月球挖土机问题都是相当困难且尚未得到最终解决的）

4.5 月球工厂

有丰富的物质资源,有为各种原因而设计和准备建造的月球基地,人们自然会期望着在月球上的这种真空、强辐射、小重力的特殊环境中,能衍生出一系列新兴的高科技工业。建议虽然五花八门,但总体上看来还是令人鼓舞的。

4.5.1 太阳能发电厂

要对月球实施"经济开发",目前最多也最令人期待的构想,首先就是将月球变成地球的能源基地。鉴于月球^{3}He一时还难以开发,专家提出,可以先在月球表面建立成片的太阳能收集板,将太阳能转化为高频电波,再传回地球。根据目前的技术和资金储备,理论上人类可以在不久的将来在月球建立太阳能发电厂,并在21世纪50年代,通过月球上的发电厂,满足地球上人类全部的电力需求。

4.5.2 自生式工厂

为了充分开发和利用月球资源,NASA提出了"自生式月球工厂"(self-growing lunar factory)的概念和设计模型(图4-8)。根据月岩样品及大量有关资料的研究与分析,确定了月球工厂的优先生产原则,主要是充分利用月球资源,为扩建月球基地而生产必需的原材料,重点是制氧、金属冶炼、建筑材料的制备等。为了实现这一目标,科技人员已专门对有关月球工厂的生产工艺流程及制备方法进行了多方面的详细研究。

从月壤中提取氧的方法是:在1 000℃的温度下,将月壤中的钛、铁和氢通过反应生成水,再将水电解提取氧。研究表明,提取1t氧,约需70t的月球表土。考虑到在月球上生产的特殊情况,配备一套小型的化学处理设备,利用太阳能作动力,每天大约可制备出100kg的液氧。具体流程是:利用月球岩石在高温下与甲烷发生反应,生产一氧化碳和氢。在温度较低的第二个反应器中,一氧化碳再与更多的氢发生反应,还原成甲烷和水,然后使水冷凝,再电解成氧和氢,把氧储存起来供使用,而氢则送入系

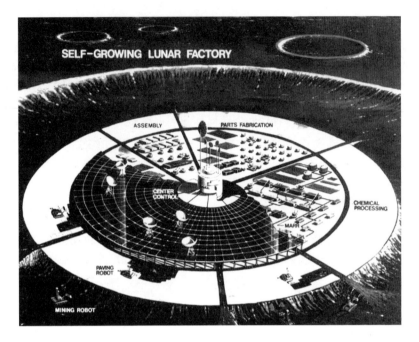

图4-8　NASA提出的自生式月球工厂模型
注:工厂模型主要由7个部分组成,分别是中央控制系统、集成系统、装配系
统、铺路机器人系统、采矿机器人系统和生物供应系统。

统中再循环使用。据预测,月球制氧设备,最初为给月面上的航天员提供氧气之用,但他们需要的氧气并不多,一个12人规模的基地,每月也只需要350kg氧气。而一套制氧设备连续工作后,可生产出比这更多的氧气。因此,在月球基地建设时,可以同时建造一个永久性的液氧库,将多余的氧储存起来,以便供给航天器作为低温推进剂燃料使用。

更有意义的是,在制氧过程中,经过化学处理后得到的"矿渣",却成了质量上乘的副产品。这是因为其中含有丰富的游离硅和可供冶炼的金属氧化物,只要继续冶炼,便可炼制出工业上极有使用价值的金属钛。具体的工艺流程是:将"矿渣"通过机械粉碎、磁选,提取出钛氧化物,在1 273℃的温度下加氢处理,生成氧化钛,再以硫酸置换出其中的铁,接着和碳混合,在700℃温度下通入氯气,经过化学反应后生成四氯化铁,然后在2 000℃的温度下加热,投入镁以便脱氯,最终得到熔融态钛。

铝的精制方法更为新颖。月面上的铝存在于称之为斜长石的矿物中。将其粉碎，在1 700℃下加热熔化，然后在水中冷却至100℃，制成多质的球，再经粉碎，在其中加入100℃的硫酸，即可浸出铝。用离心分离法和过滤法除去硅化物后，再将它在900℃的温度下进行热解反应，得到氧化铝和硫酸钠的混合物。随后洗去硫酸钠并进行干燥，在与碳混合加热的同时，加入氯气与之进行反应，生成了氯化铝，经过电解，即可获得最终产品——纯铝。

无论是月球基地还是月球工厂，建筑物的采光都离不开玻璃，因此在月面上生产玻璃显得十分重要。通常的玻璃由71%~73%的氧化硅，12%~14%的硫酸钠，12%~14%的氧化钙组成。因月壤中含有40%~50%的氧化硅，在月面上制造玻璃仍是以氧化硅为主。其制作方法较为简单，只需在月壤中根据需要加入各种微量添加物，用硫酸溶解出一些无用的成分之后，在1 500~1 700℃的温度下熔化，然后经过压延冷却，即可制成月球玻璃。

解决了月球发电厂和自生式月球基地的问题，建设更多的不同类型的月球工厂，使月球逐步发展成为太空中的新兴工业枢纽甚至是通向更加遥远太空的跳板，就不再是可望而不可即的事情了。

4.6　月球家园

从向往月球到登陆月球，再从开发月球到移民月球，这是人类社会发展的必然趋势。地球上的生命出现后，一直在不断地进化、不断地拓展生存空间。人类作为地球生命进化的最高阶段，必然会从地球出发走向宇宙空间，开拓更广阔的领域。当月球探测计划一步步实现之后，人们因为地球人口爆炸而担忧时，移民和定居月球就成了一个美好而自然的期望。

●问题之一：月球上除了严酷恶劣的环境外，到底有什么吸引着并能够支持着我们人类去移民呢？

首先是月球上有着丰富的矿产资源，能满足我们生存的需要。月海有些地方重

展望篇

力场比周围强，说明聚集着高密度物质，形成了许多特别的质量瘤，其实就是月球上的矿床，在等待着我们去开发。

其次是月球上有丰富而廉价的能源。除了巨量的 ^{3}He 外，在月球上利用太阳能也更为简便：长达 28 天的昼夜交替使得月球上的昼夜温差高达 300℃ 左右，在月球表面的 4 个象限各安装适当的装置，使它们至少有一个处于夜半球、一个处于昼半球，在连接它们的管道中充入氮，这样一来，夜半球低温下氮被液化，昼半球高温下氮被汽化。在这种冷暖转换的过程中，高压氮气即可吹动叶轮发电。该装置同时还可以在夜区制暖、昼区制冷。我们需要做的只是不时地补充一些氮，就能利用极其廉价的电能并取暖了。幸运的是氮在月球上的储量也很丰富，不用为找不到而发愁。

此外，在月球南极的一个环形山发现了冰的存在证据。如果能够找到并开发，月球上的移民就有了生活和工业用水。

●问题之二：月球上既没有大气，也没有磁场。宇宙射线、太阳紫外线和高能粒子及陨星不时地轰击着月面。在这样恶劣的环境中，人类在月球上如何安居呢？

一个令人意外但却惊喜的答案是：月球上自然形成的洞穴就是天然的庇护所和避难所！30 亿年前，月球火山活动在月球表面形成了大量的火山熔岩洞穴。由于引力作用弱小，这些火山洞穴比地球上的同类洞穴往往要大数百倍。如月球上的风暴海中有一熔岩洞穴，长达 40km，高和宽各有 500m，顶部也有几十米厚。这样规模的月球洞穴，里面估计是恒温的，大约是 20℃。将它分割、平整、密封以后，我们就可以像远古祖先在地球上一样，住在这些洞穴里，日出而作，日落而息，悠然生活在月球上的伊甸园里！

除了天然的恒温洞穴外，还有各种各样的现代化住宅，如美国人克里斯·肯尼迪提出的"水平充气式定居点"模型。它由合成纤维制造，在地球上制造好后送上月球，并由一个 45m×8m 的金属板将其牢牢地锚在月球表面。这种住宅共两层，无需再用月球土壤提供防辐射层。当太阳风暴到来时，居民可以暂时撤退到里面。专门的空气缓冲舱可以让航天员进入基地舱前清洁干净，物资供应舱单独设计但与定居点连接在一起。此外，定居点包括功能齐全的办公室、电脑室、医务室、健身房和不同学科的实验室，有专门的休闲区和餐厅，还专门辟有农业试验区，可以试验栽种月球农作物。

按 NASA 的月球移民计划，2020 年航天员首次重返月球，先派遣一个 4 人小分队在月球上居住一周,随后,月球基地将逐渐扩建,电力供应、移动月球车及航天员的居住区都将陆续建成。之后航天员逐渐延长居住时间。到2024年建成月球永久基地,保障航天员持续居住180天。月球定居点不仅有望成为太空旅行者前往宇宙更深处的休息站及紧急避难所,而且可以利用月球表面的氢、氧元素合成水和航天飞机燃料,成为太空能源的中途补给站。

●为了保证人类今后能够真正实现移民月球和定居月球的目标,航天员定居点或月球村还有如下功能。

1)生活:水电自足加新鲜蔬菜

NASA时任副局长达勒透露,月球村约有一个购物商城那么大。生活条件比较舒适,电力、饮用水自给自足,甚至连新鲜的蔬菜都可以培植出来,从而真正实现月球基地生活"近地球化"的目标。

2)居住:两层小楼或联排别墅供你选

NASA约翰逊宇航中心的科学家认为,月球定居点最终可能是多层垂直管状舱或者多层水平管状舱。

水平管状基地舱有两层,长11.27m,直径4.5m。它的设计来自国际空间站的主活动舱。

和地球上一般住宅的设计不同的是:基地舱设计中最敏感的问题之一是如何抵挡月球尘埃的威胁!在地球上,尘埃颗粒在风和水的作用下变得很圆滑,因此不会对人类造成多大危害,但在月球上,尘埃未经撞击摩擦而保留原状,就像是一些精心制造的毛玻璃碎片,棱角分明且十分尖利,对月球居民的伤害性显然要大得多。因此在月球住宅的设计中,将它们拒之门外至关重要。水平舱模型采取的一个办法是使用高门槛,与一般轮船上的房间为防止进水所做的设计一样。可采取的其他辅助控制措施还包括使活动舱与空气缓冲舱内保持微小的气压差,以阻止月表尘埃由外向内的入侵。

月球村的垂直舱(图4-9)设计则有些像地球上常见的联排别墅,外形为圆柱状,直径7m,高10m。首层可以用来储存空气、水等必需物资的同时部分用作能源系统,此外还要为物资补给舱预留接口。第二层为航天员公共活动区、厨房及食物储存室。目前模型舱内仅设计了一件模拟家具,被固定在舱内墙壁上。垂直舱的一个主

图4-9　月球村的垂直舱

要困难是在这么小的空间内如何让人员与物资在各层间顺利地上下移动和自由来去。

 月球饭店

　　在世界上拥有许多著名大饭店的希尔顿全球控股有限公司准备将来在月球上建造一家饭店。希尔顿月球大饭店将有5 000间客房,它的动力来自两块庞大的太阳能电池板,它还有自己的沙滩和海滨以及一个工作农场。一位名叫彼得·因斯通的英国建筑师建议希尔顿建造一栋325m高的大楼,它将与世界上最大的饭店——拉斯维加斯的MGM大饭店相匹敌。这个饭店将开设有餐厅、医疗中心、教堂和学校,有高速电梯运送客人在各层之间来往。饮水将从月球南极新发现的冰层中抽取。室内将增压,客人将享有使用磁靴或加重靴的选择,以应对月球上的地心引力比较弱的问题。大饭店将有自己的起落场地,航天飞机能停在这个场地上,同时还将有足够的生命保障系统。

　　到那时候,您愿意去月球散散心吗?

3）健身：室内健身或室外运动

未来5年里，月球基地研究的重要任务之一，是用"低技术产品"确认月球首批定居者的需求，其中既包括至关重要的辐射屏蔽技术和防尘技术，也有平常的月球健身机设计，以此确保人们可以经常运动而保证身体健康。

远低于地球重力的条件，意味着在月球上漫步要比在太空行走困难得多，因为行人一不留神就会像《水浒传》里的李逵穿上了神行太保戴宗的靴子，跑起来收不住脚。受现有技术的限制，首个月球基地空间又不可能有任何富余，因此，月球居民想在定居点的建筑物外锻炼身体还是一个大问题呢。

4）饮食：月球植物硕大无比

第一批月球居民的食物将由地球供给。但当月球基地初步形成后，应该有能力在月球上自行生产食物。由于月球表面 − 183℃到127℃的极端温差，植物显然无法在裸露的月球表面生长。可以先从地球上运送一些泥土到月球，然后在月球上建立人工温室，让蔬菜和水果种子在温室中生长。生物学家猜测，由于月球的重力只有地球的1/6，因此月球上生长的植物体积可能会比地球上的同类植物体积大6倍，这不知道是好消息还是坏消息。当蔬菜和水果等温室植物可以供月球居民食用后，还可以考虑在月球上面饲养动物，以使人们越来越感受到地球家园般的氛围。

●在月球上生活和工作，还有以下两个必须解决的问题。

1）太阳风暴：航天员最大的敌人

定居月球的一个关键前提是必须保护基地和航天员不受太阳辐射伤害。在月球上，一次太阳风暴大概持续4个地球天左右，如果航天员在太阳风暴发生前没能及时赶回基地舱内，他们就得依靠月球表面的地形来保护自己，那些类似火山岩洞和火山坑的月表构造是最好的天然庇护所。为了避免被太阳辐射所伤，即使在基地舱内也需要有多种防护措施，其中包括为月球村披上装有月球土壤的沙袋，或者在其内层放置水箱和比较大的硬件装备等。

2）建筑材料：从月球上"就地取材"

最早建设的月球基地，将是小规模的临时性月球前哨站（图4 - 10），它将在地球上建造，然后在月球上安装。但从长远的观点看，未来要开发和获取月球资源，就需要建设较大规模的永久月球基地，在更远的未来，人类将建设月球村或月球工厂。建

图4-10　NASA公布的一个月球前哨站模拟图

注：前哨站可以作为航天员短期停留的基地，主要是为月面巡视和建设永久基地做准备。

设月球村或月球工厂这样的大型月球基地，需要大量的建筑材料。如果是从地球运送建筑材料，由于航天运输费用十分高昂，其经济代价显然是非常巨大的。

那么，能否利用月球上的原料生产建设月球基地的建筑材料呢？这个问题很早就引起了材料学家的关注。20世纪70年代，材料学家对阿波罗飞船取回的月球岩石样品进行了分析和试验。结果表明，从理论上说，未来人类完全有可能采用月球原料生产月球基地建筑材料。

对月球样品的研究表明，建设月球基地所需的主要材料，在月球上大多都可以找到，包括铁、铝、陶瓷、玻璃以及制造大型太阳能电池板的硅等。化学家提供了从月岩和月壤中提取金属和非金属的方法，包括采用电解法、氢还原法，以及利用氢氟酸等试剂从氧化物中制取金属、硅和氧的化学方法等。材料学家则利用航天员带回地面的月球岩石样品在实验室制成了能够用作建筑材料的月球"混凝土"。

科学家们设想，可以在月球上建设一个小型建筑材料加工厂，每年将把十几吨月球物质转化成金属和玻璃，生产过程中产生的所有"废物"都能够重复利用，这样就一劳永逸地解决了月球上的建筑材料问题。

4.7 月球旅行

2006年7月26日,就在美国"发现"号航天飞机升空的同一天,俄罗斯航天局宣布了一项让全世界公众更为兴奋的月球旅游计划。俄罗斯航天局保证,涉及月球旅游的相关飞行技术不存在任何问题,只要资金到位,一年半至两年内"游月"首发团就能成行。

和地球上的任何旅游都不同,月球旅游将有如下特点。

1）行程：不是每个人都抗得住

据俄罗斯《消息报》披露,能源集团已经为月球旅游制定了一套详细的行程表。按照构想,月球游客将首先前往国际空间站,在站内停留一周之后再乘坐联盟号飞船前往月球,大约一周后,不必再到空间站停留而直接从月球返回地面。

月球游每次仅限一名旅客,动身前必须接受几个月严格的身体训练。通过训练后,游客将在一位航天员的陪同下搭乘改良过的联盟号TMA飞船,从哈萨克斯坦境内的拜科努尔发射基地升空。升空后,飞船将首先前往国际空间站并在那儿度过前一周的旅程。

这时将从地面发射一个带有加速器模块的强力推进器与站内的飞船对接。重新补充燃料后,飞船就将点火直飞月球,在离月球100mi(1mi=1.609 344km)的轨道上空近距离地欣赏"月景"。

目前,还做不到让游客们在月球表面直接着陆,只能是尽可能近距离地接近月球进行观测。此外,月球游客还只能看到月球面对地球的一面,而无法欣赏月球背对地球的一面。因为要飞到月球的背面,其飞行技术要求复杂得多,费用也更高。

观月期间,游客将生活在两个相距大约3m左右的狭小太空舱内,吃的也只能是饼干之类的简单食物。大约一周后,飞船将载着游客直接从月球返回地面。

2）费用：不是每个人都掏得起

据悉,俄罗斯方面为月球旅游开出的价码高达1亿美元,其中月球旅游的成本为9 000万

展望篇

161

美元,用于支付飞船船长的费用为350万美元,这可真算得上是"天价"了。在现阶段,恐怕绝大多数的人都只能是望"月"兴叹了。

由此看来,当前最大的难题还是上哪儿去找这么一位愿意为"月球两周游"豪掷1亿美元的游客,毕竟既要有钱,又要身体条件好,还要勇于冒险的亿万富翁在这个世界还是屈指可数的。

资料链接 三单豪华"太空游"

2001年3月,美国富翁丹尼斯·蒂托乘坐俄罗斯联盟号飞船进入太空观光,"门票"价格为2 000万美元。

2002年4月,南非商人马克·沙特尔沃思乘坐俄罗斯联盟号飞船进入太空观光,"门票"价格为2 000万美元。

2005年10月,60岁的美国富翁格雷戈里·奥尔森搭乘为国际空间站运送物资的俄罗斯联盟号飞船进入太空,"门票"价格为2 000万美元。

条件链接 游太空身体第一

想游太空首先要做严格的体检。

体检内容包括测量身高,检查是否远视、近视,矫正视力如何,是否色盲,听力怎么样,耳朵、鼻子、咽喉以前是否生过病,是否影响你在太空的听力以及和别人交流的能力,是否患过精神病,是否曾严重失调,是否有过双极失调,是否患过心脏病、心绞痛,是否做过心脏搭桥手术,是否曾有过癫痫病史,等等。

然后会让你在零重力的情况下飞行,飞往8万多英尺(1ft=0.3 048m)的高度,而且速度是2.5马赫,同时还要练习太空步。如果这些都能适应,那么你就具备"太空游"的身体条件了。

首个航班预计18个月内起飞

据俄罗斯航天局有关人士透露，月球旅行的各项相关技术工作目前已准备就绪，一旦有客户预付定金，第一艘飞往月球的"航班"将在18个月内正式起飞。但每次月球旅行都只能有一名游客，并需在一名航天员的陪同下前往。他们将搭乘一艘经过改进的联盟号TMA飞船开始其月球之旅，但游客却不能真正登陆月球，他们只能在月球背对太阳的阴暗面环绕飞行。聊以作为补偿的是，由于飞行轨道距月球非常近，足以让游客仔细观察月球表面凹凸不平的坑洞。

俄罗斯的月球旅行尚未成行，美国的一些商业太空公司已经跃跃欲试，开始了大规模的前期尝试和初步探索。美国的SpaceX公司已经研制并成功发射了可部分重复使用的猎鹰1号和猎鹰9号运载火箭，同时开发了天龙号系列的航天器，向空间站发射"龙"货运飞船，正式开启了太空探索的商业化和私人化时代。到目前为止，SpaceX公司宣称已计划发送"殖民先驱"至火星，"单程票"只需要50万美元，并且已经售出了十几份猎鹰运载火箭合约。公司总裁马科斯在2016年9月15日宣布，SpaceX将研制生产出足够多的太空飞船，在本世纪内运送100万人移民火星，使人类变成"多星球人种"。SpaceX公司的这一计划和宣言，使21世纪初开始的太空探索热更加升温，商业航天成为具有巨大经济前景的新兴商业领域，跳出地球、迈向太空，已经是可望而且可即的人类新目标了。

20年后低价游月球

在20年后，月球基地建设初步完成，月球采矿业、月球旅游业将成为人类生活中一个新的组成部分。据称到那时一趟为期两周的月球旅行价格将更为低廉。奔月飞船一趟可以携带50名乘客，当飞船到达地球轨道后，将在一个空中燃料仓库补充燃料，然后径直飞往月球，让人们赴月球旅行、探险和开展多种形式的活动。

展望篇

4.8 月球跳板

在各个航天大国的探月计划中,把月球当成跳板,为下一步探测火星和其他星球做准备,几乎是一个公开的秘密。

科学家认为,尽管和火星比起来,月球旅行更危险(月球上的尘埃比火星尘埃更坚硬,火星有大气而月球没有;火星上的重力相当于地球的1/3,月球上的重力仅相当于地球的1/6;火星上有足够的冰,而月球上的冰很少;等等),但是,登陆火星仍然比重返月球更难,因为月球距离地球大约40万km,而火星在近地点仍然距离地球超过1.5亿km。以现在的技术和飞行速度,人类最快大约只需3天就可以到达月球,但即使在更为先进的推进系统帮助下,人类到达火星需要几个月的时间。为此有人甚至提出来,登陆火星应该挑选60岁以上的人来担任航天员,因为在长时间的太空飞行中,人的身体有可能受到严重的损坏,以至于再不能生育。凡此种种,都使人类登陆火星显得疑虑重重,需要有一个"练兵场"和"实习站",为正式登陆火星打好基础。由于人类现在已经具备了登月能力,将月球作为向更遥远的太空进发的跳板(图4-11),显然也就是顺理成章的了。

图4-11 功能完善的月球太空中转站

4.8.1 把月球视作"练兵场"

由于与地球的距离较近,对于向深太空进发而言,月球被视为一个比较理想的"练兵场"。

由于现有国际空间站的能力有限,难以支持人类完成火星之旅,月球就可以作为一个实验点,帮助人类从在月球表面进行的操作中学到足够多的技能,以此作为把航天员送到其他行星去探险的资本,而且,地 – 月之间的通信时间滞后只有1.28秒,万一出现问题,地球上的工作人员还能帮得上忙。如果设备在月球上发生故障,人们还有可能把它带回地球进行维修。通过这样的练兵,可以发现更多意想不到的问题和难点,找到行之有效的改进方法,从而为包括火星在内的各种更远的太空探测做好充分的准备。

4.8.2 把月球变为"补氧站"

迄今为止,对月球表面进行的一项重要探测任务就是测定月球的水和其他资源的情况。科学家认为,在月球的两极有广大的黑暗区域,这代表了冰可能储存的地点。位于月球南北两极永远处于阴影中的环形山,完全可能充当巨大的冰库,其中的水分子来自彗星对月球的冲撞。而如果彗星在月球上"降水"的设想成立的话,冰的存在很可能意味着氨、甲烷、二氧化碳等一些化学物质也存在于月球上。

即使冰不存在,也并非意味着努力将白费,因为大规模月球开发的优势主要在于氧而非水的生产。在月球上,氧是一种充足的资源,提取出来的氧可以用于人的生命所需以及交通工具的推进氧化剂。而从地球到月球,氧的运输费用是极其昂贵的,这足以有效促进人们对就地利用月球资源制氧的实用研究。

4.8.3 把月球当成大跳板

对于人类的太空之行而言,月球最大的价值是将其当成跃向更远星球的大跳板。

由于月球具有几乎没有大气层,没有磁场,却有弱重力场和稳定的地质构造等特征,所以从月球上发射深空探测器比在地球上要容易得多。因此,未来的月球基地不仅可以作为一个天然的发射平台,还是一个理想的太空探测的中转站。基于这种认识,美、俄、日等航天先进国家和欧洲航天局都将目光再次投向了月球,期望尽快实现

这一更加富于挑战性的目标。紧随美国的重返月球计划之后,俄罗斯提出了在月球上建立"航天港"的设想。

俄罗斯航天局表示:航天港工程一经完成,它将有足够的能力保障各类超级运载火箭的发射工作——无论是星际飞行发射,还是开发太阳系其他星球的发射。毫无疑问,这对不久后将进行的火星载人飞行计划以及在月球上建立航天基地等大型航天项目都有巨大的意义。同时,航天港工程建成后将为国际上其他一些合作伙伴节约大量基础设施建设资金,因为这里已经有足够完美的地面基地设施,我们只需要对它加以改造以适应新的发射项目即可。尽管还有这样或那样的难题有待解决,我们仍然期待着这一天的到来。

尾声:没有结束

好吧,当我们像月球围绕地球旋转那样围绕着嫦娥奔月的主题作"自转"时,这一主题引起的后续航天进展就像地球围绕太阳"公转"那样,已经跑到了几万千米之外。所以当我们此刻暂时结束这一话题的时候,奔月的主题和其他深空探测的主题一起,正在日新月异地突飞猛进。我们对月球的认识正在不断矫正和深化,我们对太空的认识、对宇宙的认识以及对人类自身发展的认识,也将继续深化;我们对未知世界的探索,也正在继续前行。让我们一起携起手来,跟上这一前进的时代步伐,不仅仅当一名热心观众,更要争当未来太空探索的弄潮儿和排头兵。

让我们张开双臂迎接航天时代的来临!

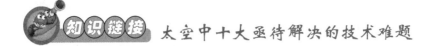

知识链接 太空中十大亟待解决的技术难题

动力问题 NASA首推的是利用核能。如果要在月球表面建立基地,航天飞机必然要运输大量物资,而核能可为此提供强劲的动力。但对于火星和其他行星乃至更加遥远的天体的探测而言,即使是使用核能,没有更加先进的推进器也难以实现目标。

辐射问题 太空辐射是对航天员安全的最大威胁之一,主要包括X射线、γ射线、宇宙射线和高速太阳粒子。因此,为了保证航天员的生命安全,科学家必须进一步增强对太空天气以及太阳风暴的预测能力,同时研发出能够让航天员及时躲藏的安全防护掩体。

空气问题 为解决这一难题,科研人员双管齐下,一方面尝试建立可实现空气、水和食物的循环生产及再利用的完全封闭生态系统,另一方面设想从月球和火星开发矿物质,从中提炼出产生氧气所需的物质,并以此建立稳定的供氧系统。

食物问题 要想使建立月球前哨站或是火星旅行的计划切实可行,航天员自力更生解决食物来源问题是必不可少的环节,这就涉及到在太空修建温室以及利用实验室技术制造肉食等尖端技术。

废物再利用问题 目前,国际空间站就是采用抽湿机,吸走空气中的水分加以净化,再将其变成可饮用的水。此外,科学家还将航天员的尿液和汗液循环使用。对于固体废物,科学家则设想将其用作温室蔬菜和庄稼的肥料。

水源问题 科学家在月球南北极撞击坑的永久阴影区内发现了水冰,储量估计可达66亿t。此外,水还可以通过航天器的燃料电池系统得到,而航天器和空间站上的提纯系统也使得尿液和其他液体可被净化利用。

微重力问题 在微重力或失重条件下长期进行太空旅行,如果保护措施不得当,航天员就会出现肌肉萎缩、骨骼软化等健康问题。为了解决这一问题,生理学家们正携手努力,研究可在太空中使用的训练系统。

联络问题 在月球和火星上,由于缺少传播介质,保持联络就成了一道难题。一旦有紧急情况,航天员就只能靠自己了。

保温问题 由于没有大气的热传递,月球表面昼夜温差极大。为了保证航天员能有一个衡定温暖的环境,科学家正考虑让他们生活在一个温度相对稳定的人造表层下,并依靠专门的热力系统供暖。

能源问题 任何太空探索都离不开能源。科学家们的计划中目前有两种选择,一种是采用太阳能板,还有一种就是NASA极力推荐的核能。不过,随着科学技术的不断进步,人们相信还能找到更好的提供能源的办法。

展望篇

　　月球探测为我们打开了一扇窗户,让我们看到了地球以外的精彩世界。人类奔月、探月、登月、游月、居月,都已经不再遥远。我们所希望的是:善待月球,不要把地球上的垃圾带到月球上去;和平利用月球,不要使月球变成新的战争利器。让我们更多地认识月球,更多地关注月球,让我们的生活因此更加精彩!

鸣谢:本书中大量资料系从国内外各大专业网站中搜集,在此谨致深切谢意!